YINYONGSHUIYUANDI SHUITIZHONG
YOUJI DUWU JIANCE JISHU

饮用水源地水体中
有机毒物监测技术

吴斌 王静 庞晓露 等编著

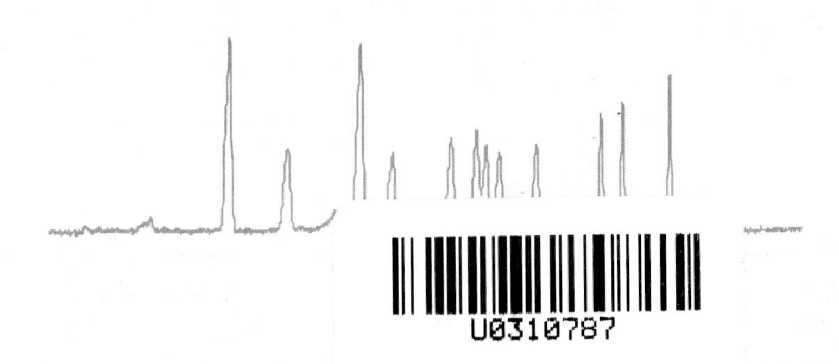

化学工业出版社
·北京·

图书在版编目（CIP）数据

饮用水源地水体中有机毒物监测技术/吴斌，王静，庞晓露等编著．—北京：化学工业出版社，2014.1
ISBN 978-7-122-19300-1

Ⅰ.①饮…　Ⅱ.①吴…②王…③庞…　Ⅲ.①饮用水-供水水源-水质监测　Ⅳ.①X832

中国版本图书馆 CIP 数据核字（2013）第 304253 号

责任编辑：刘兴春　　文字编辑：刘砚哲
责任校对：吴　静　　装帧设计：史利平

出版发行：化学工业出版社（北京市东城区青年湖南街 13 号　邮政编码 100011）
印　　刷：北京云浩印刷有限责任公司
装　　订：三河市宇新装订厂
710mm×1000mm　1/16　印张 12½　字数 170 千字　2014 年 5 月北京第 1 版第 1 次印刷

购书咨询：010-64518888（传真：010-64519686）　售后服务：010-64518899
网　　址：http：//www.cip.com.cn
凡购买本书，如有缺损质量问题，本社销售中心负责调换。

定　　价：68.00 元

《饮用水源地水体中有机毒物监测技术》编著人员

吴　斌　王　静　庞晓露　潘荷芳　冯元群　许行义
孙晓慧　叶伟红　马战宇　刘铮铮　刘劲松　钟光剑
高　亮　季海冰　余　磊　杨寅森

前　言

淡水资源匮乏和水污染是全球性的大问题，保护地面水尤其是饮用水水质是许多国家面临的重大任务。各种行业废水排放以及地表径流、大气沉降等，造成地面水有机毒物污染日趋严重，引起政府和居民的广泛关注。我国国家环境保护“十二五”规划将改善水环境质量列入需切实解决的突出问题之首，明确指出加强对水源保护区外汇水区有毒有害物质的监管。地级以上城市集中式饮用水水源地要定期开展水质全分析。浙江省环境保护“十二五”规划也要求认真实施清洁水源行动，强化饮用水源地水质和蓝藻预警监控，完善突发污染事件应急预案，加快开展饮用水源地全指标监测。为顺利完成工作，必须着力拓宽监测因子，重点加强对有毒有害物质的监测监控。

自 2005 年国家开始着手饮用水源地水质全分析以来，大部分省级监测机构具备了全分析的能力，我国环境监测系统也经历了从常规监测向有毒有害物质分析转变的一个飞跃。但在经济高速发展的同时，实际环境监测工作和环境科学科研工作还是遇到了前所未有的挑战，挑战有多种。①分析方法标准有限。随着科技的日新月异，新兴污染物层出不穷，环保系统标准分析方法过于陈旧，无法满足日常工作需求。我国目前环境监测系统技术人员进行饮用水源地有机毒物监测大多参考两本书：中国环境监测总站编著《地表水环境质量监测实用分析方法》（中国环境科学出版社 2009 年出版）和江苏省环境监测中心编著《地表水环境质量 80 个特定项目监测分析方法》（中国环境科学出版社 2009 年出版）。②人员素质参差不齐。监测系统大部分业务人员多从事于常规指标的分析，对大型仪器分析很陌生。③基层监测机构仪器配备不足，水源地样品存在污染物浓度低、干扰大等特点，需要昂贵的大型仪器对样品进行富集、净化、测定，大部分县级监测机构和部分市级监测机构硬件配置不完备，则无法进行有机毒物监测。

与常规分析相比，饮用水源有机毒物分析有以下特点：①目标污染物浓度很低，甚至低于 ng/L 量级；②基质比较复杂，样品经过富集后，干扰物的浓度高于目标物。因此用于饮用水源有机毒物分析的方法一定要具备灵敏、抗干扰能力强的特点。本书编著单位浙江省环境监测中心有机污染物分析能力一直处于全国领先地位，在国内率先具备了饮用水源全分析能力。同时浙江省环境监测中心还注重科研工作，围绕建立安全饮用水保障技术支撑这一宗旨，开展了一系列科研工作，包括作为承担单位，完成了浙江省科技厅重大科技专项“浙江省饮用水源典型有机毒物复合污染特征、来源分析及健康风险”，在分析方法开发、污染物毒理效应及健康风险评价方面做了大量工作。分析方法的建立是所有研究工作的基础，在多年的常规监测和科研工作中，浙江省环境监测中心积累了丰富的饮用水源中有机毒物分析经验，本书是在多年的应用实践中凝练而成的。书中所涉及的方法在开展环境监测系统技术人员业务培训中发挥了重要作用，得到了省内外同行的好评。

本书以满足饮用水源全分析需求为出发点，覆盖了《地表水环境质量标准》(GB 3838—2002) 表 3 中全部有机污染物的分析。考虑仪器及材料制造技术的日新月异，着力介绍了 2009 年后先进的环境监测方法。同时也重点介绍了很多目前尚处于研究领域的新兴有机毒物分析方法，拓宽技术人员视野，因此本书兼备适用性和前瞻性。

限于编著者水平与编著时间，书中疏漏和不足之处在所难免，在此衷心希望各位读者不吝赐教，假以时日，我们将进行补充和修订。

编著者

2013 年 12 月

CONTENTS

目 录

第1章 总论

1.1 饮用水源地概况

饮用水水源地概括了提供城镇居民生活及公共服务用水（如政府机关、企事业单位、医院、学校、餐饮业、旅游业等用水）取水工程的水源地域。包括河流、湖泊、水库、地下水等。在我国，以供水人口数为分界线，供水人口数小于1000人的为分散式饮用水水源地，大于1000人的为集中式饮用水水源地。2005年，全国县级以上城市共有集中式饮用水水源地2246个，年供水量495.73亿立方米，集中式供水服务人口达6.52亿人。集中式水源地可以分为河流型、湖库型和地下水型3种类型。从水源地供水量来看，河流型水源地供水量最大，地下水型水源地供水量相对较小。从水源地的分布情况看，南方省市以河流与湖库型水源地为主，北方省市以地下水型水源地为主。

饮水安全事关国计民生。全世界每年因水污染导致12亿人患肠道传染病，病毒性肝炎、伤寒、痢疾等15种传染病都经水传播，每年约400万儿童死于水致传染病。不安全的饮用水是发展中国家80%疾病和30%死亡的起因。因此，饮用水源地的环境保护与管理引起了世界各国的广泛关注。我国政府已经印发了《关于落实科学发展观加强环境保护的决定》，明确提出，以饮水安全和重点流域治理为重点，加强水污染防治工作。根据2005年全国集中式水源地水质监测的结果，按照《地表水环境质量标准》(GB 3838—2002）和《地下水质量标准》(GB/T 14848—93）对饮用水水源地的水质要求，采用单因子评价法对各水源地水质常规项目进行评价。以地表水Ⅲ类水环境为合格标准进行统计，结果表明，我国水质达标的集中式饮用水水源地数量为 1809 个，占水源地总数量的 80.54%。

我国政府已经制定了《中华人民共和国水污染防治法》及《中华人民共和国水污染防治法实施细则》、《饮用水水源保护区污染防治管理规定》、《饮用水水源地保护区划分技术规范》等法律和规章对饮用水源的保护作了规定，为我国饮用水源地保护奠定了法律基础，成为我国饮用水源地保护工作实施的基本依据。目前我国主要通过划定饮用水水源保护区、实行严格的保护区管理制度来加强饮用水水源地的污染防治工作。一级保护区内水质主要是保证饮用水卫生要求；二级保护区主要是在满足水质要求的正常情况下，在出现污染饮用水水源的突发情况下，保证有足够的采取紧急措施时间和缓冲地带；准保护区则是为了在保障水源水质的情况下兼顾地方经济发展，通过对其提出一定的防护要求来保证饮用水水源地水质。根据调查，全国 2246 个水源地中，已经划分保护区的水源地 1555 个，占水源地总量的 69.23%。

1.2 饮用水源地环境质量标准及水源地水质现状

美国水质评价基准的基础和应用研究始于 20 世纪 60 年代，相继发表了绿皮书、蓝皮书和红皮书等水质评价基准文献。目前，USEPA 共提出了 165 种污染物的水质评价基准，包括有机物（106 项）、农药（30 项）、金属（17 项）、无机物（7 项）、基本物理化学特性（4 项）和细菌（1 项）等。USEPA 负责公布水质基准，美国的水质标准是一个广义的水环境质量标准体系，由各州根据水质评价基准和

该州水体功能负责制定。各州和授权部门可在直接采用、调整和修改水质评价基准的基础上制定水质标准，但这些标准必须报经USEPA批准后才能生效。与美国相比，中国水体核心功能的确立并不是以人体健康、水生态系统安全为目标，而是更偏重于对水体资源用途的保护。如地表水环境质量标准（GB 3838—2002）由原国家环境保护总局制定，分别给出了Ⅰ～Ⅴ类的水质标准。标准值主要是参考美国的水质基准数据以及日本、前苏联、欧洲等国家及地区的水质标准值确定的，没有进行独立的基准研究。

集中式水源地可以分为河流型、湖库型和地下水型3种类型，与此对应，在常规工作中分别依据《地表水环境质量标准》（GB 3838—2002）、《地下水质量标准》（GB/T 14848—1993）对水源地水质进行评价。

1.2.1　地表水环境质量标准

《地表水环境质量标准》适用于我国江河、湖泊、运河、渠道、水库等具有使用功能的地表水水域，依据地表水水域环境功能和保护目标，按功能高低依次划分为五类。

Ⅰ类　主要适用于源头水、国家自然保护区。

Ⅱ类　主要适用于集中式生活饮用水地表水源地一级保护区、珍稀水生生物，栖息地、鱼虾类产卵场、仔稚幼鱼的索饵场等。

Ⅲ类　主要适用于集中式生活饮用水地表水源地二级保护区、鱼虾类越冬场、洄游通道、水产养殖区等渔业水域及游泳区。

Ⅳ类　主要适用于一般工业用水区及人体非直接接触的娱乐用水区。

Ⅴ类　主要适用于农业用水区及一般景观要求水域。

不同类别的水体执行不同的污染物标准限值。

该标准分3个表，共规定了109项目标物的标准限值。表1为地表水环境质量标准基本项目标准限值，规定了溶解氧、化学需氧量等22种化学指标、水温1个物理指标、粪大肠菌群1个生物指标的标准限值。表2为集中式生活饮用水地表水源地补充项目标准限值，规定了硫酸盐、氯化物、硝酸盐、铁、锰5项化学指标的标准限值。表3为集中式生活饮用水地表水源地特定项目标准值，规定了80种污染物的标准限值，包括三氯甲烷、四氯化碳等挥发性有机物，三氯苯、五氯酚等半挥发性有机物，敌敌畏、敌百虫等有机磷农药，林丹、环氧七氯有机氯农药，溴氰菊酯、阿特拉津等农药，甲基汞、四乙基铅等有机金属，具体见表1-1。目前具备表3中所有项目的监测能力是我国地市监测站面临的重要工作之一。

表1-1　集中式生活饮用水地表水源地特定项目标准值

项　目	本书章节
三氯甲烷	3
四氯化碳	3
三溴甲烷	3
二氯甲烷	3
1,2-二氯乙烷	3
环氧氯丙烷	3
氯乙烯	3
1,1-二氯乙烯	3
1,2-二氯乙烯	3
三氯乙烯	3
四氯乙烯	3
氯丁二烯	3
六氯丁二烯	3
苯乙烯	3
甲醛	13
乙醛	13

续表

项　目	本书章节
丙烯醛	13
三氯乙醛	16
苯	3
甲苯	3
乙苯	3
二甲苯	3
异丙苯	3
氯苯	3
1,2-二氯苯	4
1,4-二氯苯	4
三氯苯	4
四氯苯	4
六氯苯	4
硝基苯	4
二硝基苯	4
2,4-二硝基甲苯	4
2,4,6-三硝基甲苯	4
硝基氯苯	4
2,4-二硝基氯苯	4
2,4-二氯苯酚	4
2,4,6-三氯苯酚	4
五氯酚	4
苯胺	4
联苯胺	4
丙烯酰胺	10
丙烯腈	14

续表

项　目	本书章节
邻苯二甲酸二丁酯	4
邻苯二甲酸二(2-乙基己基)酯	4
水合肼	参考GB 5750.8—2006
四乙基铅	21
吡啶	17
松节油	15
苦味酸	11
丁基黄原酸	22
活性氯	—
滴滴涕	6
林丹	6
环氧七氯	6
对硫磷	7
甲基对硫磷	7
马拉硫磷	7
乐果	7
敌敌畏	7
敌百虫	7
内吸磷	7
百菌清	6
甲萘威	7
溴氰菊酯	4
阿特拉津	4、20
苯并[a]芘	5
甲基汞	19
多氯联苯	6

续表

项　　目	本书章节
微囊藻毒素-LR	8
黄磷	7
钼	—
钴	—
铍	—
硼	—
锑	—
镍	—
钡	—
钒	—
钛	—
铊	—

1.2.2　地下水质量标准

我国现行地下水质量标准共有 39 项指标，大部分为无机离子，只涉及六六六和滴滴涕两个单项有机毒物。

根据 2011 年中国环境状况公报，全国 113 个环保重点城市共监测 389 个集中式饮用水源地，其中地表水源地 238 个、地下水源地 151 个。环保重点城市年取水总量为 227.3 亿吨，服务人口 1.63 亿人。达标水量为 206.0 亿吨，占 90.6%；不达标水量为 21.3 亿吨，占 9.4%。

1.3　饮用水源地水质监测现状

1.3.1　监测类型

目前我国水源地水质监测从监测类型上大体分为三类：自动监

测、常规监测和应急监测。

1.3.1.1　自动监测

水质在线自动监测系统（On-line Water Quality Monitoring System）是一个以分析仪表为核心，运用自动控制技术、计算机技术并配以专用软件，组成一个从取水样、预处理过滤、测量到数据处理及存储的完整系统，从而实现水质自动监测站的在线自动运行。自动监测系统一般包括取配水系统、预处理系统、数据采集与控制系统、在线监测分析仪表、数据处理与传输系统及远程数据管理中心。自动监测是对水质的实时连续监测和远程监控，及时掌握水体的水质状况，预警预报重大水质污染事故，解决跨行政区域的水污染事故纠纷，监督总量控制制度落实情况。及时、准确、有效是水质自动监测的技术特点，近年来，水质自动监测技术在许多国家地表水监测中得到了广泛的应用，我国的水质自动监测站（以下简称水站）的建设也取得了较大的进展，根据中国环境监测总站 2009 年资料显示，环境保护部已在我国重要河流的干支流、重要支流汇入口及河流入海口、重要湖库湖体及环湖河流、国界河流及出入境河流、重大水利工程项目等断面上建设了 100 个水质自动监测站，监控包括七大水系在内的 63 条河流，13 座湖库的水质状况。

近年来，饮用水安全已被政府列入头等大事，国家陆续开始在饮用水源地建立水质自动监测站，浙江省截至 2012 年底，已经在全省 81 个县级以上集中式饮用水源地建立 88 套水质自动监测系统，整套系统共有藻类、生物毒性及有机物在内的 40 多项指标，是目前中国监测因子最为齐全的水质监测系统。该系统将监测预警 21 个市级饮用水源和 60 个县级饮用水源的水质质量，基本实现浙江全省县级以上主要饮用水源地水质监测和预警的自动化控制，实时反映饮用水的水环境质量和变化状况。

1.3.1.2　常规监测

根据环保部办公厅发布的《全国集中式生活饮用水水源地水质监

测实施方案》，全国 31 个省（区、市）行政区域内共有 338 个地级以上城市、2862 个县级行政单位所在城镇的在用集中式生活饮用水水源地及乡镇集中式生活饮用水水源地。根据水源地类型，规定了不同的监测方案。

（1）地表水水源地　地级以上城市集中式生活饮用水水源地每月上旬采样监测 1 次，由所在地级以上城市环境监测站承担。监测项目为《地表水环境质量标准》（GB 3838—2002）表 1 的基本项目（23 项，化学需氧量除外）、表 2 的补充项目（5 项）和表 3 的优选特定项目（33 项），共 61 项，如遇异常情况，则需加密监测。

地级以上城市集中式生活饮用水水源地每年 6～7 月进行 1 次水质 109 项全分析监测。

县级行政单位所在城镇的集中式地表水饮用水水源地每季度采样监测 1 次，监测项目为《地表水环境质量标准》（GB 3838—2002）表 1 的基本项目（23 项，化学需氧量除外）、表 2 的补充项目（5 项）和表 3 的优选特定项目（33 项，监测项目及推荐方法详见附表 1），共 61 项。

（2）地下水水源地　地级以上城市集中式生活饮用水水源地每月上旬采样监测 1 次，由所在地级以上城市环境监测站承担。监测项目：《地下水质量标准》（GB/T 14848—1993）中 23 项（见环函［2005］47 号），并统计取水量。各地可根据当地污染实际情况，适当增加区域特征污染物。

地级以上城市集中式生活饮用水水源地每年 6～7 月进行 1 次《地下水质量标准》（GB/T 14848—1993）中的 39 项全分析。

县级行政单位所在城镇的集中式地表水饮用水水源地每半年采样监测 1 次，监测项目：《地下水质量标准》（GB/T 14848—1993）中 23 项（见环函［2005］47 号），并统计取水量。各地可根据当地污染实际情况，适当增加区域特征污染物。

1.3.1.3　应急监测

近年来随着我国工农业生产和经济建设的加快，环境污染事故，尤其是重大突发性环境化学污染事故呈逐年上升态势，应急监测是在环境应急情况下，为发现和查明环境污染情况和污染范围而进行的环境监测，包括定点监测和动态监测，是处理突发性环境污染事故的前提和保证，发挥着举足轻重的作用。

由于环境污染事故大多具有突发性、严重性、持续性和累积性等特点，因此对污染物的监测必须是一种从静态到动态、从地区性到区域性乃至更大范围的全方位多层次的监测。这就要求应急监测分析方法既要有在现场就能给出定性、半定量结果的现场快速方法，又要有能够准确定量的分析方法。

我国应急监测工作起步较晚，一些重大污染事故的发生推动了环境应急监测工作的向前发展，目前已建立了自上而下的应急监测预案。完善的应急监测预案又是成功完成应急监测工作的重要保障，能有力地增强环境监测站应对突发性环境污染事故的能力。在污染事故发生时，启动完善的“应急监测预案”才能迅速召集所有组成人员，各司其责，携带污染事故专用应急监测设备，在最短的时间内从容赶赴现场，快速有效地监测污染物种类、浓度、污染范围，查询和判断其理化特性、毒性以及可能的危害程度，为及时、正确处理、处置污染事故和制定环境恢复措施提供科学依据。在环境污染应急监测中使用的分析方法有试纸法、检测管法、便携式仪器分析法等现场快速监测方法，还没有一种方法成为国家或者行业标准分析方法，对于这些方法的使用条件也没有相应的规范进行规定和限制，这就使得环境污染事故应急监测分析方法的使用比较混乱。

综上所述，应急监测任重而道远，急需在应急监测预案的实用性、应急监测分析方法的标准化、应急监测的质量控制和质量保证等方面开展深入研究。

1.3.2 监测方法

目前我国地表水环境监测方法以物理、化学监测方法为主，生物

监测日益受到重视，遥感技术也被逐渐应用到水环境质量监测中。生物监测方法可及时反映污染物的综合毒性效应，以及对水环境的潜在危害。遥感技术以污染水与清洁水的反射光谱特征为基础，可大尺度反映水环境质量的变化，可用于水体石油污染、湖泊和水库蓝藻暴发预警预控及泥沙污染方面应用较多。在常规监测中，多使用化学监测方法，国内外目前也制定了众多的分析方法，环境质量标准中规定的指标也多为化学指标，且多为有机污染物。

地表水环境质量标准中表3中规定了80种特定项目的分析方法，需采用20种国标或行标、近60种其他约定的方法，一些方法存在方法落后、操作烦琐、性能不稳定、实际操作性差等问题。标准中采用了较多的气相色谱分析方法，没有考虑到近年来仪器的发展，液相色谱，特别是液相色谱-串联质谱技术已经得到较多应用，气相色谱测定丙烯酰胺和苦味酸均需要衍生，操作烦琐，重现性差，用液相色谱-串联质谱仪则很好地解决问题，方法灵敏度高，操作简单，重现性好。液相色谱测定微囊藻毒素方法灵敏度低，且抗干扰能力差，复杂基质样品的测定容易出现假阳性，液相色谱-串联质谱可以弥补上述不足。双硫腙法测定四乙基铅方法烦琐，影响因素多，操作难度大，使用大量有毒试剂，灵敏度低，采用吹扫捕集-气相色谱-质谱法操作简单，方法灵敏度高，不使用有毒试剂。铜试剂亚铜分光光度法测定丁基黄原酸操作烦琐，性能不稳定，灵敏度低，实际水样测定乳化现象严重，难破乳，而采用液相色谱-串联质谱不用前处理，直接进样即可满足工作需求。

1.3.3 监测仪器

水源地样品存在污染物浓度低、干扰大等特点，需要昂贵的大型仪器对样品进行富集、净化、测定，大部分县级监测机构和部分市级监测机构硬件配置不完备，一般都仅配置分析仪器，尚无前处理仪器，则无法进行有机毒物监测。如不配置吹扫捕集仪则无法开展挥发性有机物分析，不配置固相萃取则无法开展水中微囊藻毒素分析。一般饮用水源有机毒物监测需配置表 1-2 所列仪器，仅作参考。

表 1-2 仪器配置情况

前处理仪器或耗材	分析仪器
吹扫-捕集	气相色谱-质谱
分液漏斗、旋转蒸发、氮吹仪①	液相色谱
固相萃取、氮吹仪	液相色谱-串联质谱
分液漏斗、全自动定量浓缩仪①	气相色谱

① 选其中之一组合即可。

1.4 地表水有机毒物研究进展

地表水中有机毒物主要有持久性有机污染物（如多环芳烃 PAHs、多氯联苯 PCBs）、挥发性有机物（VOCs）、半挥发性有机物（SVOC）、农药类、内分泌干扰素、藻毒素、药物及个人防护品类等。美国及一些欧洲国家已开始开展地表水中有机毒物的研究，美国地质调查局（United States Geological Survey，USGS）于 1991 年开始实施国家水质评价计划（National Water-Quality Assessment Program，NAWQA）。该计划在河流、地下水和水生态系统研究领域建立长期、持久且能对比的信息，以便更好地支持国家在水质管理方面的决策。所选择的检测物质主要包括农药、营养物、挥发性有机物和金属物质等。2000 年以来，发达国家已经把工作重点转移到一些新兴的有机毒物领域。欧盟于 2000 年建立“水框架导则”，建立了地表水有机毒物的分析方法，并开展调查工作，其中包括烷基酚、酞酸酯类内分泌干扰素。欧盟仍有其他计划资助此方面研究，如 WATCH、EMCO、POSEIDON 等计划。目前环境科学领域研究的新型、热点物质介绍如下。

1.4.1 药物和个人护理用品

由于药物及个人护理用品（pharmaceuticals and personal care

products，PPCPs）频繁大量的使用、人及动物的排泄、污水处理技术的局限性以及不合理处置废弃药物的方法等原因，使得未被完全吸收和利用的药物及其代谢物以多种途径最终进入水环境。大量药物连续不断地向环境水体中释放，已经形成了持续性药物水环境污染，进而对水环境的生态平衡及人体健康造成潜在的危害。PPCPs 的环境污染问题是由 Daughton 和 Ternes 于 1999 年提出的。这类污染物质主要有两大类：一是各类处方和非处方药物，如抗生素、非甾体抗炎药、β-阻滞剂、调血脂药、精神病治疗用药、降压药、避孕药、减肥药等；二是各种个人护理用品，如肥皂、香波、牙膏、香水、护肤品、防晒霜、发胶、染发剂等。

美国和欧洲的一些国家率先在全国范围内对地表水中的残留药物种类和含量进行调查。1999 年，美国对全国 30 个州 139 条河流进行监测，发现了 24 种药物，其中包括抗生素（诺氟沙星）、解热止痛消炎药（双氯芬酸、布洛芬、奈普生和阿司匹林）、兴奋剂（咖啡因）、镇癫药类（卡马西平）等药物。文献报道北苏格兰地区地表水中残留的人用药物，检测到 12 种药物（扑热息痛、甲氧苄啶、磺胺甲噁唑、心得安、乙琥红霉素、右丙氧芬、三苯氧胺、洛非帕明、双氯芬酸、甲灭酸、布洛芬、祛脂酸），药物浓度范围比较广，为 ng/L 至 μg/L 量级。亚洲近年来也开始重视这方面的研究，我国香港和日本对地表水中的残留药物做了一些基础的研究和监测，结果发现香港地区地表水中诺氟沙星和氧氟沙星、日本地表水中双氯芬酸浓度较高。我国内地也有相关报道，广州市城市水体中已经存在着严重的抗生素类药物水污染现象，在珠江广州河段中检测到磺胺嘧啶、磺胺甲噁唑、磺胺二甲基嘧啶、氧氟沙星、诺氟沙星、环丙沙星和甲氧苄氨嘧啶。深圳河水样大环内酯和磺胺类药物污染严重。我国是原料药生产大国和药物制剂使用大国，因此对我国各大主要流域和重点湖泊进行监测和研究是非常有必要的。

1.4.2 农药

随着农业经营方式的转变，以及精细密集农业的发展，世界上农药的使用量显著增加。农药在田间使用后，只有少量停留在作物上发生效用，大部分则残留在土壤或飘浮于大气中，通过降雨、淋溶等途径进入水体环境，目前的研究表明，世界上多数河流和湖泊中都有农药残留物的存在。

欧美等发达国家已经开展了农药对地表水污染方面的调查和研究工作，其中美国在农药对地表水的污染水平、特点和规律及预测评价方面的研究工作起步较早，美国联邦地质调查局于1992～2001年间对美国50个州的地表水及地下水中4类农药（有机磷类、三嗪类、酰胺类、氨基甲酸酯类）污染状况进行了系统全面的调查。对186条河流的水样、1052条河流的沉积物样品及700个不同河流的鱼类样品进行检测，在水样中检出21种杀虫剂、52种除草剂、8种代谢产物、1种杀菌剂和1种杀螨剂。除草剂主要有莠去津及其降解产物脱乙基莠去津、异丙甲草胺、氰草津、甲草胺、乙草胺、西玛津、扑灭通、丁噻隆、2，4-D、敌草隆等。杀虫剂主要为包括二嗪农、西维因、毒死蜱等。包括意大利、西班牙、法国、英国和德国在内的大部分欧洲国家对地表水中农药的浓度均有报道，欧洲国家广泛使用的除草剂莠去津、西玛津、异丙甲草胺、甲草胺、禾草特和均三氮苯类除草剂检出率较高。与美国相比，特丁津和异丙甲草胺在大部分欧洲国家的河流中检出浓度较高。在欧洲国家检测到的杀虫剂主要是有机氯和有机磷类。欧洲国家地表水中农药的总体检出情况与美国相似。数据显示，国外地表水中检出率和检出浓度较高的品种基本上是除草剂，这是因为除草剂使用量比杀虫剂的大。在中国使用量较大的是杀虫剂，可是有关国内地表水中农药的数据信息相当不完善。

1.4.3 内分泌干扰物

内分泌干扰物是指一些可影响负责机体自稳、生殖、发育和行为的天然激素的合成、分泌、转运、结合、作用或消除的外源性物质。它们具有类天然激素或抑制天然激素的作用，可干扰神经免疫及内分泌系统的正常调节功能。农药类内分泌干扰物进入水环境中，降低水环境质量，导致水生态环境恶化，影响到水生系统的结构和功能以及水生生物的多样性，从而打破了水生生态系统的平衡，也会影响到人们日常生活中的饮用水水质和人类健康。为了防止已存在的农药产生的危害，各国都相继采取了一些措施。欧共体环境部长会议在1987年10月同意限制饮用水中农药总量控制在0.5μg/L以下，单种农药在0.1μg/L以下。美国国家环保局（USEPA）在1998年8月公布了筛选出的内分泌干扰物，从86000种商用品和化学品中筛选出了67种（类）危及人体和生物的“内分泌干扰物质”。这些化合物性质差异极大，既有难降解的二噁英、多氯联苯、有机氯农药、邻苯二甲酸酯，又有易分解的极性除草剂、杀虫剂，还有金属有机化合物、洗涤剂降解物等。

具体如下：

① 杀虫剂，主要有有机氯类（包括狄氏剂、毒杀芬、林丹、十氯酮、DDT等）、氨基甲酸酯类（甲萘威、灭多威等）及马拉硫磷等有机磷类；

② 除草剂，阿特拉津等三嗪类、甲草胺等酰胺类、2,4-D等苯氧羧酸类；

③ 防腐剂，有机锡化合物和五氯酚；

④ 邻苯二甲酸酯类增塑剂；

⑤ 烷基酚类（包括壬基酚、辛基酚等），被广泛用作塑料增塑剂、农药乳化剂、纺织行业的整理剂等；

⑥ 二苯烷烃（diphenylkanes）/双酚化合物（biphenols，BPs），二苯烷烃包括双酚A、双酚F、双酚AF等，普遍用于塑料行业，其中双酚A是生产碳酸聚酯、环氧树脂、酚醛树脂和聚丙烯酸酯等的主要原料；

⑦ 二噁英、多氯联苯、多溴联苯等持久性有机污染物。

我国已有对内分泌干扰素在环境水体中污染现状的零星报道，如重庆嘉陵江的壬基酚、珠江三角洲多溴联苯、杭州饮用水源地的酞酸酯、胶州湾的有机锡。

1.4.4 新持久性有机污染物

持久性有机污染物（Persistent Organic Pollutants，POPs）是指在环境中难降解、高脂溶性、可以在食物链中富集放大，能够通过各种传输途径而进行全球迁移的一类半挥发性且毒性极大的污染物。由于其污染的严重性和复杂性远超过常规污染物，最近数十年成为环境科学研究的热点。2004 年生效的斯德哥尔摩公约（以下简称公约）规定的 12 种 POPs，如艾氏剂、氯丹、滴滴涕、狄氏剂、异狄氏剂和七氯、六氯苯、多氯联苯、灭蚁灵、毒杀芬、多氯代二苯并-对-二、多氯代二苯并呋喃受到了各缔约国的严格控制与削减。2009 年 5 月 4～8 日在瑞士日内瓦举行的缔约方大会第四届会议决定将全氟辛基磺酸及其盐类、全氟辛基磺酰氟、商用五溴联苯醚、商用八溴联苯醚、开蓬、林丹、五氯苯、α-六六六、β-六六六和六溴联苯等九种新增化学物质列入公约附件 A、B 或 C 的受控范围。

国际上对新增 POPs 的研究起步较早，对多溴联苯醚（polybrominated diphenyl ethers，PBDEs）、全氟辛基磺酸盐（perfluorooctanesulphonate，PFOS）环境行为、归趋以及对人体健康风险的评价已有较深入的认识。

作为全世界用量最大的溴系阻燃剂，多溴联苯醚广泛用于建材、纺织、化工、电子电器等行业。在使用过程中可以通过挥发、渗出等方式进入环境中，从而造成大气、水、土壤及生物圈的环境污染。PBDEs 主要有三种商品化的产品，按溴含量区分为十溴联苯醚、八溴联苯醚和五溴联苯醚。相对于其他新 POPs 物质，研究者对 PBDEs 所开展的工作最为广泛。我国自 2003 年开展 PBDEs 的研究，许

多实验室陆续启动了相关的研究工作，我国目前对 PBDEs 的研究主要集中在典型区域如京津塘区域、珠三角区域以及电子垃圾拆解地等。研究内容涉及 PBDEs 的环境分布、污染特征、环境行为及人体暴露等。目前对污染区 PBDE 已经有相当多的数据资料。因为目标物的高脂溶性和低水溶性，研究较多关注土壤、底泥、生物体，但是对地表水中 PBDEs 研究较少开展。

全氟化合物（PFCs）是一类具有广泛用途的含氟有机化合物，具有疏油、疏水特性，因此广泛应用于纺织、造纸、食品包装、地毯、皮革、洗发香波和灭火泡沫等工业和民用行业。多种 PFCs 可以在环境中最终转化为全氟辛基磺酸盐（PFOS）及其盐类和全氟辛酸（PFOA）。PFCs 污染物普遍存在于包括北极冰盖在内的全球水环境中，而污水处理厂被认为是水环境中此类污染物的重要来源和归趋。北美地区是最早关注 PFOS 污染的区域，目前检测和报道过的区域有美国纽约地区的河流田纳西州河水系、佛罗里达州的萨拉索塔湾地区海水、弗吉尼亚州查尔斯顿海港的海水、加拿大温尼伯湖和马尼托巴湖地区、美国和加拿大各大城市饮用水、污水等，浓度约为几个到几十个 ng/L。污水处理厂排出水中一般是浓度最高的地方，浓度高达几百甚至上千个 ng/L。欧洲区域的 PFOS 类物质污染检测覆盖面很广泛，欧洲各大江河水系、海湾等几乎均有涉及，像德国的莱茵河、鲁尔河、意大利的波河、北欧地区等。国内的 PFOS 检测主要集中在珠江水系、长江水系、松花江水系、辽河水系等主要的水系，包括其入海口。这些区域大多经济发达、工业生产活跃。此外，各大城市内的用水也成为重点检测的对象。从数据看，国内偏远地区水体中 PFC 较国外低，经济发达地区水体中 PFC 浓度与国外相当。

由于仪器设备、研究经费和研究人员不足等原因，国内研究所涉及污染物种类不全，与西方国家相比有较大差距，特别是近年来新涌现出的污染物在我国饮用水源的分布信息很不完善。目前还缺少全国性的大型项目进行有组织地多地区合作开展此类研究工作。

第2章

样品的采集、保存、运输

2.1 采样准备

2.1.1 标样、试剂等耗材

表 2-1 列出需准备的标样、试剂及耗材，各实验室可根据实际情况作适当调整。如无商品致冷剂，可采用如下办法：将一次性采样瓶灌上水（大半瓶），放在冰柜里冷冻，临出发前放在采样筐内作为致冷剂。

表 2-1　主要耗材及数量

序号	名称	规格型号
1	标样	标准品
2	固相萃取小柱	6mL、HLB
3	固相萃取膜	8270 专用
4	有机相过滤膜	0.22μm
5	二氯甲烷	农残级
6	甲醇	色谱级
7	乙腈	色谱级
8	无水硫酸钠	分析纯
9	硫酸	分析纯
10	氯化钠	分析纯

续表

序号	名称	规格型号
11	采样瓶	棕色具塞玻璃瓶
12	VOCs 采样瓶	
13	采样筐	
14	泡沫筐	
15	盐酸	分析纯
16	铁桶	
17	分液漏斗	1L
18	漏斗	

2.1.2　容器清洗

（1）VOCs　用专门的 VOCs 采样瓶，采样前不用清洗，采样时不用加固定剂。

（2）其他有机物　用棕色磨口玻璃瓶采集，采样瓶清洗过程如下：

① 用热水清洗，以冲除黏附的细粒物；

② 用热（40～50℃）铬酸洗液浸泡 1h，以破坏痕量有机物；

③ 蒸馏水冲洗；

④ 在采样前用分析中使用的有机溶剂（二氯甲烷）荡洗、挥发干后密封。

（3）采样用铁桶

按照如下步骤：

① 用 1∶3 盐酸荡洗；

② 热水清洗；

③ 蒸馏水冲洗；

④ 烘箱烘干。

2.2 采样计划

2.2.1 采样点位的确定

采样点位的确定原则：在参照国家环保总局 2002 年 144 号文《城市集中式饮用水源地水质监测、评价与公布方案》基础上，结合不同的工作目的，确定具体采样点位。

① 河流：在水厂取水口上游 100m 处设置监测断面；同一河流有多个取水口，且取水口之间无污染源排放口，可在最上游 100m 处设置监测断面。

② 湖、库：原则上按常规监测点位采样，但每个水源地的监测点位至少应在 2 个以上。

③ 地下水：在自来水厂的汇水区（加氯前）布设 1 点。

④ 采样深度：水面下 0.5m 处。

2.2.2 采样频次

目前，根据国家环保总局“环办［2008］28 号”和中国环境监测总站“总站水字［2008］58 号”文件精神，地级以上城市需每年对集中式饮用水地表水源进行一次水质全分析。

2.2.3 样品采集

具体采样方法参照《地表水和污水监测技术规范》（HJ/T 91—2002）和《全国重点城市饮用水源地监测调查作业指导书》（中国环境监测总站 2005.5）执行。

2.2.3.1 采样步骤

（1）挥发性有机物

① 用水源地水样荡洗采样器（铁桶）；

② 用采样器从水源地水体中采集样品；

③ 将采样器中的水样缓慢沿瓶壁倒入采样瓶中，尽量不要搅动水样；

④ 装满采样瓶，不留空隙，拧紧瓶塞，贴上标签，用锡箔纸包好；

⑤ 填写采样单。

对于地下水的采集，如从自来水或抽水设备出水管处取水时，应先放水5～10min，然后再采样。对于采样瓶，每次采样前，不需要用所采集水样荡洗，对于采样器，采第一个样品不要用所采集水样荡洗，但从第二个样品采集开始则需事先荡洗。挥发性有机物样品不可以采集混合样。

（2）其他有机物

① 用水源地水样荡洗采样器（铁桶）和采样瓶；

② 用采样器从水源地水体中采集样品；

③ 将采样器中的水样缓慢倒入采样瓶中；

④ 装满采样瓶，不留空隙，拧紧瓶塞，贴上标签，锡箔纸包好；

⑤ 填写采样单。

可以采集混合样，混合样采集方法如下：假设在某一水源地设置了左、中、右三个采样点，首先用采样器在左采样点采集样品，倒入采样瓶直至水量占采样瓶容积的1/3，然后移动至中采样点，再采集1/3采样瓶容积的水量，最后移动至右采样点，再用水样将采样瓶充满。

2.2.3.2 注意事项

① 用机动船采样时，需在船头采样；

② 避免使用任何塑料制品来采集、存放样品，工作人员不可使用化妆品；

③ 采样前应连续3个无雨日，采样水体水力条件和水质稳定；

④ 做好采样记录，包括样品编号、时间、地点、采样人员、水温、天气情况等。采样时碰到任何不正常现象应详细记录。

2.3 样品保存

采集的样品应于冷藏保存，尽快分析，如实在需要保存，具体保存条件见表 2-2。水源地样品总余氯含量一般均较低，所以一般不需加入硫代硫酸钠，但是万一水体受污染，余氯含量过高，则需加入适量硫代硫酸钠去除余氯。

表 2-2 样品保存条件

样　品	容　器	保存方法	保存时间
VOC 水样	VOC 瓶	滴加浓盐酸，pH<2，4℃保存	14d
微囊藻毒素	磨口棕色玻璃瓶	4℃保存，尽快用 0.45μm 滤膜过滤，过滤液 −20℃保存	30d
有机氯农药和多氯联苯	磨口棕色玻璃瓶	4℃保存	4℃冰箱中可保存 7d
有机磷	磨口棕色玻璃瓶	4℃保存	敌敌畏及敌百虫水样应尽快分析，其余 4℃冰箱中可保存 7d
百菌清	磨口棕色玻璃瓶	4℃保存	尽快分析
松节油	磨口棕色玻璃瓶	4℃保存	24h 内尽快分析
草甘膦	磨口棕色玻璃瓶	4℃保存	24h 内尽快分析
苦味酸	磨口棕色玻璃瓶	4℃保存	尽快分析
甲基汞	玻璃瓶或塑料瓶	如在数小时内样品不能进行分析，每升水加入 1g 硫酸铜，水样在 2～5℃条件下保存	尽快分析
丙烯腈、乙腈、丙烯酰胺	磨口棕色玻璃瓶	4℃保存	尽快分析
半挥发性有机物	磨口棕色玻璃瓶	4℃保存，如有余氯，加入 10%的硫代硫酸钠	7d 内萃取，40d 内分析提取物
氨基甲酸酯农药	磨口棕色玻璃瓶	4℃保存	14d 内分析
阿特拉津	磨口棕色玻璃瓶	4℃保存	7d 内萃取，14d 内分析提取物

2.4 样品运输与交接

水样采集后必须立即送回实验室，根据采样点的地理位置和每个

项目最长保存时间，选择合适的运输方式，在现场采样前安排好水样的运输工作。

水样运输前应将容器的外（内）盖盖紧，装箱时要采取措施防止破损，同一个采样点的样品应尽可能装在同一个包装箱内，要用醒目色彩在包装箱顶部和侧面标明“切勿倒置”标识。每个水样瓶均需贴上样品唯一性标签。运输过程应防震、低温保存、避免阳光照射，还应避免在车内被污染。

样品交接时应核对样品，填写相应交接单，签字验收。

第3章 挥发性有机物的分析

3.1 适用范围

适用于地表水、地下水、废水和固废浸出液中挥发性有机物的测定。

3.2 方法原理

通过吹脱管用氮气（或氦气）将水样中的挥发性有机物连续吹脱出来，通过气流带入并吸附于捕集管中，待水样中目标化合物被全部吹脱出来后，停止对水样的吹脱并迅速加热捕集管，将捕集管中的目标化合物热脱附出来，进入气相色谱/质谱仪分析。

3.3 仪器

（1）吹扫捕集系统　包括吹扫装置、捕集管和解吸系统，最好带自动进样器。

（2）吹扫装置　能容纳 25mL 水样且水样深度大于 5cm。若 GC-MS 体系的灵敏度能达到方法检出限，也可使用 5mL 的吹扫管。吹扫管内水样上方气体空间须小于15mL，吹扫气的初始气泡直径要小于3mm，吹扫气从距水样底部不大于5mm处导入。

（3）捕集管　25cm×3mm（内径），内填有1/3聚2，6-苯基对苯醚（Tenax）、1/3硅胶、1/3椰壳活性炭。若能满足质控要求，也可使用其他的填充物。

（4）气相色谱质谱联用仪　EI源，气相色谱仪可程序升温，使用脱活玻璃元件，配化学工作站（带标准质谱图库）。

（5）色谱柱　要保证脱附气流与柱型匹配，可用以下柱子或其他等效色谱柱：

60m×0.75mm(内径)×1.5μm(膜厚)VOOL宽口径毛细管柱；

30m×0.53mm(内径)×3.0μm(膜厚)DB-624宽口径毛细管柱；

30m×0.25mm(内径)×1.4μm(膜厚)DB-624窄口径毛细管柱；

30m×0.32mm(内径)×1.0μm(膜厚)DB-5窄口径毛细管柱。

本方法的数据均使用60m×0.32mm(内径)×1.8μm(膜厚)的HP-VOC窄口径毛细柱获得。

（6）气密性注射器　25mL或5mL。

3.4 试剂

（1）试剂水　重蒸水（或纯水机现用现制），于90℃水浴中（或常温）用氮气吹扫15min，现用现制。所得的纯水中应无干扰测定的杂质，或其中的杂质含量小于目标组分的检出限。

（2）捕集管填充材料　聚2,6-二苯基对苯醚（Tenax），60～80目；硅胶，35～60目；椰壳活性炭，60～80目。

（3）甲醇　农残级。

（4）盐酸（1∶1）　优级纯。

（5）标准储备液　浓度为1.0mg/L，甲醇溶剂。可直接购买包括所有相关分析组分的标准溶液，也可用纯单标制备（称重法），将其置于聚四氟乙烯封口的螺口瓶中，尽量减少瓶内的液上顶空，于4℃冰箱中避光保存。

（6）标准使用液　用甲醇稀释标准储备液，一般浓度为10.0～50.0mg/L。将其置于聚四氟乙烯封口的螺口瓶中，尽量减少瓶内的液上顶空，避光于4℃冰箱中保存。经常检查溶液是否变质或挥发。在配制校准使用液时要将其回温。

（7）内标和替代物添加液　用甲醇分别配制一定浓度的内标（氟代苯）溶液、替代物（1,2-二氯苯-D4、4-溴氟苯）溶液。在满足方法要求并不干扰目标组分的测定前提下，可用其他的内标和替代物。也可直接购买相应的内标溶液和替代物溶液。

（8）校准使用液　将一定量的标准使用液加入到纯水中，倒转摇动两次，配制至少5个标准曲线点，其中一个接近但高于方法的最低检出限（MDL），或在实际工作范围的最低限处。其余标准曲线点要与样品的浓度范围相对应。一般的曲线浓度范围在0.5～40.0μg/L左右。

将此校准标准置于无顶部空间的螺口瓶中时，可保存24h，否则只能临用现配。也可在25mL充满纯水的注射器中直接注入一定量的标准使用液和内标、标记物混合液，然后立即注入吹扫管中。

3.5 分析步骤

3.5.1 仪器条件

3.5.1.1 吹扫捕集装置

吹扫温度为室温或恒温；吹扫时间为11min；吹扫流量为40mL/min；解吸温度为190℃；解吸时间为2min；烘烤温度为210℃；烘

烤时间为10min。可根据仪器的实际情况进行适当调整。

3.5.1.2　GC条件

柱箱起始温度35℃，保持4.0min，以5℃/min程序升温到200℃，再以15℃/min程序升温到230℃，保持2.0min。

载气为He，流量为1.0mL/min。

进样口温度为200℃；分流进样，分流比为10∶1。

3.5.1.3　MS条件

离子源为EI；离子源温度为230℃；接口温度为250℃；离子化能量为70eV；扫描范围为35～260amu。

3.5.2　仪器校准

3.5.2.1　GC-MS性能试验

直接导入25ng的4-溴氟苯（BFB）于GC中，或将1.0mg/L的BFB水溶液作吹扫捕集，得到的BFB质谱在扣除背景后，其m/z应满足表3-1的要求，否则要重新调谐质谱仪直至符合要求。

表3-1　BFB关键离子丰度标准

m/z	离子丰度标准
50	m/z95的15%～40%
75	m/z95的30%～80%
95	基峰，100%相对丰度
96	m/z95的5%～9%
173	小于m/z174的2%
174	m/z95的50%～100%
175	m/z174的5%～9%
176	m/z174的95%～101%
177	m/z176的5%～9%

3.5.2.2　内标法初始校准

使用氟代苯（或用替代物1,2-二氯苯-D4）作为内标。将内标物直接加入校准使用液中，使内标物浓度为 10.0μg/L，至少制备 5 个点的校准标准。按样品分析条件分析每个校准标准，检查各组分的色谱图和质谱灵敏度，要求色谱峰窄而对称，多数无拖尾，灵敏度高；按下式计算响应因子（RF）：

$$RF=\frac{A_x c_{is}}{A_{is} c_x}$$

式中 A_x——待测组分定量离子的响应值；

A_{is}——内标物定量离子的响应值；

c_x——待测组分的浓度；

c_{is}——内标物的浓度。

每种组分、标记化合物的平均 RF 的 RSD 应小于 20%。

3.5.2.3 连续校准（CC）

每 12h 分析 1 次中间浓度校正溶液。每个目标化合物和替代物的百分偏差（%difference）要小于等于 30%。要确保内标物和替代物定量离子的峰面积不得低于前一次校准的 30%以上，或比初始校准少 50%以上。如果 CC 符合初始校准曲线的允许标准，就可以分析样品。如果分析了初始校准曲线，其 10mg/L 或附近点符合 CC 的允许标准，就不需要再分析 CC。CC 分析一定要在空白和样品分析之前。如果连续分析几个 CC 都不能达到允许标准，就要重新制作标准曲线。

所有样品都要达到室温时才能分析。

CC 的百分偏差（%difference）计算公式如下：

$$\%\text{Difference}=\frac{RF_c-RF_i}{RF_i}\times 100\%$$

式中 RF_c——CC 的响应因子；

RF_i——最近一次初始校准曲线的平均响应因子。

3.5.3 测定

将样品瓶置于室温下使样品温度达到室温，先用少量样品冲洗

25mL 气密性注射器，然后取 30mL 左右样品到注射器中，排除顶部气体，使注射器内最终样品量为 25mL，通过注射器的顶端加入一定量的内标和标记物，立即注入吹扫管中进行吹扫捕集和 GC-MS 分析。用自动进样器可直接由仪器加入内标和替代物自动分析。

当样品中全部组分都从色谱柱中流出后，停止数据采集，储存数据文件并显示全范围的总离子流图和某些提取离子质谱图，如果样品浓度超过了校准曲线的范围，需用纯水稀释水样后再次测定。

3.5.4 定性和定量

3.5.4.1 目标化合物的定性

用下列两种方式对目标化合物进行定性分析。

（1）相对保留时间（RRT）　目标化合物的 RRT 一定要在 ±0.06RRT单位内。

$$\mathrm{RRT}=\frac{\text{目标化合物的保留时间}}{\text{相关联的内标化合物的保留时间}}$$

（2）质谱图比较　标准质谱图的相对丰度高于 10%的离子在样品质谱图要存在，相对强度要在 20%之内。在样品谱图中存在相对离子丰度高于 10%的离子，但标准谱图中不存在，可能存在干扰，必要时要找出原因。

3.5.4.2 定量

用至少五个不同浓度的标准溶液（含固定浓度内标物）绘制校准曲线，该曲线的纵坐标为组分定量离子响应值 A_x 与其浓度 Q_x 之比，横坐标为内标物的定量离子响应值 A_{is} 与其浓度 Q_{is} 之比。由此求得响应因子 RF，平均的相对响应因子为 5 个浓度 RF 值的均值。

实际样品在测定前加入同等浓度的内标，测得样品的定量离子响应值 A_x 后，通过校准曲线并根据下式计算实际样品浓度 Q'_x。

$$Q'_x=\frac{A_x Q_{is}}{\mathrm{RF}\cdot A_{is}}$$

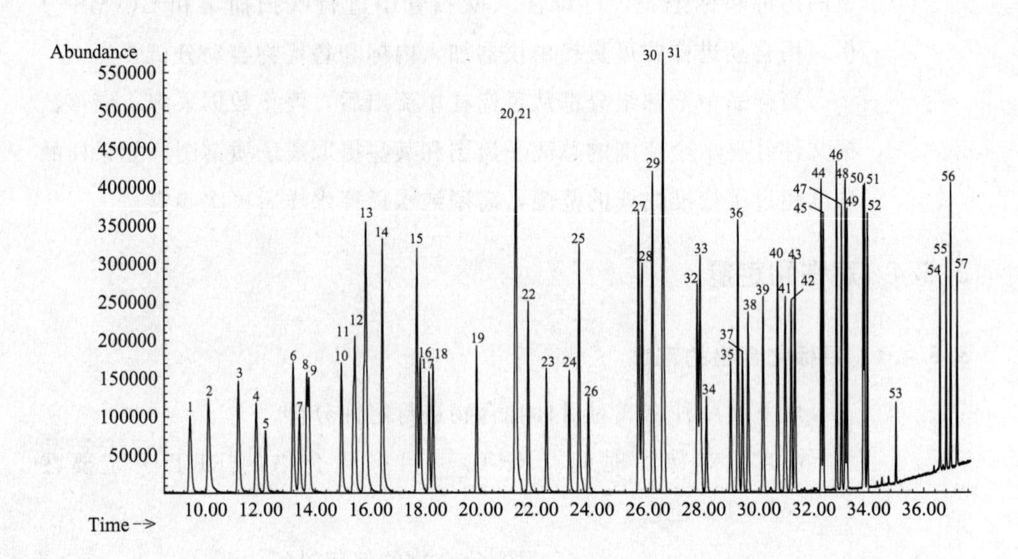

图 3-1　54 种 VOCs 和 IS 标、SS 标的总离子流图

1—1,1-二氯乙烯；2—二氯甲烷；3—反-1,2-二氯乙烯；4—1,1-二氯乙烷；5—顺-1,2-二氯乙烯；6—2,2-二氯丙烷；7—氯仿；8—溴氯甲烷；9—1,1,1-三氯乙烷；10—1,2-二氯乙烷；11—1,1-二氯-1-丙烯；12—四氯化碳；13—苯；14—氟苯（IS）；15—三氯乙烯；16—1,2-二氯丙烷；17—二溴甲烷；18—一溴二氯甲烷；19—顺-1,3-二氯丙烯；20—反-1,3-二氯丙烯；21—甲苯；22—1,1,2-三氯乙烷；23—1,3-二氯丙烷；24—二溴氯甲烷；25—四氯乙烯；26—1,2-二溴乙烷；27—氯苯；28—1,1,1,2-四氯乙烷；29—乙苯；30—对二甲苯；31—间二甲苯；32—苯乙烯；33—邻二甲苯；34—溴仿；35—1,1,2,2-四氯乙烷；36—异丙苯；37—1,2,3-三氯丙烷；38—4-溴氟苯 SS；39—溴苯；40—正丙苯；41—2-氯甲苯；42—4-氯甲苯；43—1,3,5-三甲苯；44—叔丁苯；45—1,2,4-三甲苯；46—1-甲基丙基苯；47—1,3-二氯苯；48—4-异丙基甲苯；49—1,4-二氯苯；50—1,2-二氯苯-D4 IS；51—1,2-二氯苯；52—正丁苯；53—1,2-二溴-3-氯丙烷；54—1,3,5-三氯苯；55—萘；56—六氯丁二烯；57—1,2,3-三氯苯

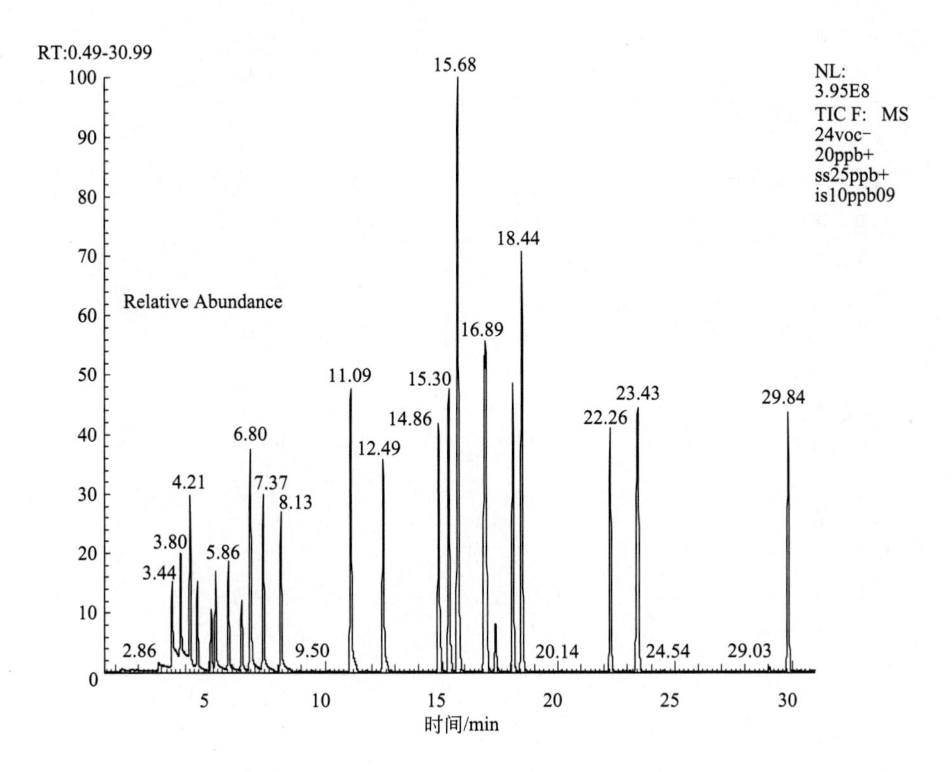

图 3-2　地表水环境质量标准中 VOCs 和 IS 标、SS 标的总离子流图

色谱条件：DB-624 柱，30m×0.32mm×1.80μm；柱温为 38℃（3min）→4℃/min→122℃→25℃/min→220℃；进样口 230℃，无分流时间 1.0min，He 为 1.4mL/min。离子源为 EI；离子源温度 250℃；四极杆质量分析器温度为 150℃，传输线温度 230℃；扫描范围为 45～300amu。

吹扫条件：吹扫气为高纯氦气，吹脱温度为室温或恒温；吹脱时间 11min；解吸温度 230℃；解吸时间 2min；烘烤温度 230℃；烘烤时间 10min。

表 3-2 地表水环境质量标准中 VOCs 保留时间

化合物名称	保留时间/min
氯乙烯	1.73
1,1-二氯乙烯	2.86
二氯甲烷	3.44
反式-1,2-二氯乙烯	3.80
氯丁二烯	4.21
顺式-1,2-二氯乙烯	5.29
三氯甲烷	5.86
四氯化碳	6.43
苯	6.80
1,2-二氯乙烷	6.80
氟氯苯(内标)	7.37
三氯乙烯	8.13
环氧氯丙烷	10.14
甲苯	11.09
四氯乙烯	12.49
氯苯	14.86
乙苯	15.30
(*p*+*m*)-二甲苯	15.68
o-二甲苯	16.83
苯乙烯	16.89
三溴甲烷	17.32
异丙苯	18.07
4-溴氟苯(SS)	18.44
1,4-二氯苯	22.26
1,2-二氯苯-D4(SS)	23.38
1,2-二氯苯	23.43
六氯丁二烯	29.84

3.5.5 方法性能

方法涉及的目标污染物总离子流见图 3-1。该方法的性能指标见表 3-3。地表水环境质量中涉及 VOCs 总离子流见图 3-2，保留时间见表 3-2。

表 3-3 目标化合物的准确度、精密度及检出限指标

序号	化合物名称	平均回收率/%	RSD/%	检出限/(mg/L)
1	1,1-二氯乙烯	92.5	1.86	0.00016
2	二氯甲烷	88.5	1.22	0.00024
3	反-1,2-二氯乙烯	95.6	1.10	0.00013
4	1,1-二氯乙烷	96.3	0.76	0.00012
5	顺-1,2-二氯乙烯	98.3	0.71	0.00014
6	2,2-二氯丙烷	93.9	8.16	0.00042
7	氯仿	97.1	0.82	0.00014
8	溴氯甲烷	98.3	2.34	0.00012
9	1,1,1-三氯乙烷	97.5	1.01	0.00019
10	1,2-二氯乙烷	96.7	3.37	0.00012
11	1,1-二氯-1-丙烯	98.1	1.01	0.00013
12	四氯化碳	98.2	1.22	0.00014
13	苯	97.8	0.72	0.00016
14	三氯乙烯	102	4.49	0.00037
15	1,2-二氯丙烷	97.9	1.31	0.00010
16	二溴甲烷	97.9	5.23	0.00013
17	一溴二氯甲烷	98.7	1.68	0.00011
18	顺-1,3-二氯丙烯	99.0	3.31	0.00014
19	反-1,3-二氯丙烯	97.7	3.62	0.00016
20	甲苯	101	1.16	0.00032
21	1,1,2-三氯乙烷	98.7	5.16	0.00012
22	1,3-二氯丙烷	98.4	5.14	0.00020
23	二溴氯甲烷	99.2	4.11	0.00016
24	四氯乙烯	101	1.21	0.00018
25	1,2-二溴乙烷	98.4	6.77	0.00015
26	氯苯	116	4.82	0.00034
27	1,1,1,2-四氯乙烷	114	4.40	0.00027
28	乙苯	115	4.91	0.00030
29	对二甲苯	117	2.15	0.00025
30	间二甲苯	117	2.15	0.00025

续表

序号	化合物名称	平均回收率/%	RSD/%	检出限/(mg/L)
31	苯乙烯	114	8.50	0.00017
32	邻二甲苯	117	2.15	0.00024
33	溴仿	113	6.75	0.00025
34	1,1,2,2-四氯乙烷	108	8.47	0.00061
35	异丙苯	117	2.07	0.00019
36	1,2,3-三氯丙烷	115	5.22	0.00046
37	溴苯	117	1.64	0.00026
38	正丙苯	117	2.02	0.00019
39	2-氯甲苯	116	1.72	0.00019
40	4-氯甲苯	117	1.52	0.00015
41	1,3,5-三甲苯	115	7.31	0.00045
42	叔丁苯	114	5.70	0.00026
43	1,2,4-三甲苯	111	6.67	0.00051
44	1-甲基丙基苯	116	3.24	0.00022
45	1,3-二氯苯	115	1.43	0.00013
46	4-异丙基甲苯	116	4.53	0.00025
47	1,4-二氯苯	116	1.29	0.00013
48	1,2-二氯苯	114	1.36	0.00015
49	正丁苯	113	4.86	0.00029
50	1,2-二溴-3-氯丙烷	115	2.33	0.00036
51	1,3,5-三氯苯	115	8.09	0.00029
52	萘	115	5.93	0.00028
53	六氯丁二烯	116	5.34	0.00028
54	1,2,3-三氯苯	115	8.12	0.00028
55	4-溴氟苯(SS)	116	3.35	0.00024

第4章 半挥发性有机物的分析

4.1 液液萃取-气相色谱/质谱法

4.1.1 适用范围

适用于地表水、地下水、废水和固废浸出液中半挥发性有机物的测定。本方法适用于分析大多数中性、酸性和碱性有机物，只要这些有机物溶于二氯甲烷，且能不经衍生化而在熔融硅毛细管柱（固定液为弱极性聚硅氧烷）上分离、出峰。包括多环芳烃、氯代烃类及农药、酞酸酯类、有机磷酸酯类、菊酯类、亚硝胺类、卤代醚类、醛类、醚类、酮类、苯胺类、吡啶类、喹啉类、硝基芳香类、酚类（包括硝基酚）等。

4.1.2 方法原理

分别在碱性和酸性条件下，以二氯甲烷萃取水和废水中的半挥发性有机物，被浓缩后的有机溶液可直接进行 GC-MS 分析，或者经过进一步净化，再以 GC-MS 检测。

4.1.3 仪器

（1）气相色谱质谱仪　最好带自动进样器。

（2）质谱仪　扫描范围至少为 35～500amu，当进 1μL 十氟三苯基膦（DFTPP，5～50ng）时，能够满足表4-1的要求。

（3）色谱柱 30m×0.25mm（ID）［或0.32mm(ID)］，0.25μm膜厚，DB-5ms或其他相应的毛细管柱。

（4）其他 旋转蒸发仪、氮吹仪或其他相应的浓缩设备。

表4-1 十氟三苯基磷（DFTPP）离子丰度规范要求

质荷比(*m*/*z*)	相对丰度规范
51	198峰(基峰)的30%～60%
68	小于69峰的2%
70	小于69峰的2%
127	基峰的40%～60%
197	小于198峰的1%
198	基峰,丰度100%
199	198峰的5%～9%
275	基峰的10%～30%
365	大于基峰的1%
441	存在且小于443峰
442	基峰或大于198峰的40%
443	442峰的17%～23%

4.1.4 试剂

（1）试剂 空白试剂水：要求水中干扰物的浓度不得大于目标化合物的检出限。

二氯甲烷等溶剂：农药级或其他相应级别。

（2）标准样品

① 储备液。如2000μg/mL，购置有证标准溶液，避光、−10℃（或更低温度）保存，要经常检查储备液的降解或蒸发等迹象。储备

液至多可用1年，若质控检查样指示有问题时，要及时弃去不用。

所有的储备标准要完整地记录，包括批号、样品名称、打开时间、有效期等。

样品打开转移到带密封盖的样品瓶中后，在瓶上要贴好有上述记录的标签。标样证书要存档备查。

② 内标（IS）工作标准的配制。推荐使用菲-D10作内标，购置有证标准溶液（如：2000μg/mL），或溶解菲-D10于二氯甲烷中，配制成2000μg/mL的溶液。贴好标签，并记录到标准溶液配制记录中。推荐每个用于分析的1mL萃取物中内标的浓度为10μg/mL，−10℃（或更低温度）保存。

③ 校准标准（Calibration Standard）的配制。取一定量校准标准储备溶液至二氯甲烷中，制备5点标曲，浓度可以是1.0μg/L、2.5μg/L、5.0μg/L、10.0μg/L、20.0μg/mL或50μg/mL。贴好标签，并记录到标准溶液配制记录中。每1mL校准标准在分析前需加入内标，−10℃（或更低温度）保存。校准标准至少须每年配制一次，当质控检查标准指示有问题时，须及时重新配制。验证校准标准须每周配制，4℃保存。

④ 调谐标准（Tune Standard）的配制。购置有证标准溶液（十氟三苯基膦，DFTPP，如2500μg/mL），稀释成50μg/mL使用液，−10℃（或更低温度）保存。

⑤ 替代物标准（Surrogate Standard）的配制。推荐使用苯酚-D5、2-氟酚、2,4,6-三溴酚、硝基苯-D5、2-氟联苯、*p*-联三苯-D14作替代物。购置有证标准。替代物在样品处理前加到水样、空白样和加标样中，推荐在经过提取、浓缩等步骤后，推荐替代物的浓度为10～20μg/mL。

⑥ 基体加标样（Matrix Spike）。为校准标准溶液，加标浓度为原样品浓度的1～5倍或推荐在浓缩样中的浓度为10～30μg/mL。

4.1.5 分析步骤

4.1.5.1 仪器条件

推荐的气质条件如下。

柱子：DB-5MS，30m×0.32mm(ID)×0.25μm 膜厚。

进样口 295℃；柱温 40℃，保持 4min，以 8℃/min 升至 320℃，保持 5min；

流速：He 1.8mL/min；无分流进样；

质谱：全扫描 45～450，溶剂延迟 2min。

4.1.5.2 仪器性能检验

取调谐标准溶液 1μL（50ng DFTPP）直接进入色谱，得到的质谱图必须全部符合表 4-1 中的标准。每 12h 必须重新分析 DFTPP 标样。

4.1.5.3 样品的测定

（1）前处理

① 前处理步骤

a. 将 1L 自然澄清的水样加入到 2L 分液漏斗中。

b. 加入 30g NaCl，轻轻振摇，直至 NaCl 完全溶解（做替代物加标和基体加标时，加入替代物或目标标准溶液）。

c. 加入 60mL 二氯甲烷，液液萃取 10min，静置 10min，过无水硫酸钠收集有机相（必要时应破乳）。

d. 调节 pH>11，重复上述的萃取步骤，合并萃取相。

e. 调节 pH<2，重复上述萃取步骤，合并萃取相。

f. 在 35～40℃的水浴中旋转蒸发浓缩有机相，当样品浓缩至 8～10mL 左右时，将蒸发瓶从水浴中取出，使旋转蒸发在室温下进行，直至样品体积为2～3mL（任何情况下，均应杜绝旋转蒸发浓缩到小

于1mL的情况发生)。转移浓缩液至氮吹浓缩管，每次用1mL二氯甲烷荡洗旋转蒸发瓶，荡洗溶液合并到氮吹浓缩管。

g. 在40℃左右水浴加热样品，用高纯氮气把样品吹至0.8mL左右。氮吹过程中，在样品浓缩到2～3mL时，用1mL左右的二氯甲烷淋洗离心管壁。整个氮吹过程均应避免浓缩至小于0.5mL。

h. 加入内标。

i. 不能及时分析时，4℃冷藏保存。

② 前处理注意事项。破乳时可以采用以下技术中的一种：

a. 加几滴饱和硫酸钠溶液到样品中，并轻轻搅动水相；

b. 加少量污水硫酸钠晶体到样品中，并轻轻搅动水相；

c. 加少量乙醇、异丙醇、丁醇或辛醇；

d. 用一根清洁的铜线，在末端圈一个平的环，将其放入乳化层，轻轻地上下移动1～2min；

e. 让乳化液和有机相通过玻璃棉(应注意玻璃棉污染的消除)；

f. 离心破乳，此法比较有效，但离心体积有限；

g. 乳化现象严重，采用以上的一种或多种措施不能有效破乳时，转移乳化液至清洁的另一个分液漏斗，静置让其分层，必要时可以加入少量的无水硫酸钠晶体到样品中。

③ 样品分析

a. 所有样品都要达到室温时才能萃取、分析；

b. 在分析前，要将10μL内标标准加入到1mL萃取物中；

c. 分析1mL萃取物，仪器条件见4.1.5.1。

(2) 仪器分析

① 初始校准

a. 在仪器维修、换柱或连续校准不合格时需要进行初始校准。

b. 初始校准曲线有5个浓度：1.0μg/mL，2.5μg/mL，5.0μg/mL，10μg/mL，20μg/mL或50μg/mL。

校准标准，1.0μg/mL、2.5μg/mL、5.0μg/mL、10μg/mL、20（或50）μg/mL。

内标，10μg/mL、10μg/mL、10μg/mL、10μg/mL、10μg/mL。

替代物标准，1.0μg/mL、2.5μg/mL、5.0μg/mL、10μg/mL、20（或50）μg/mL。

c. 初始校准曲线的计算。校准曲线5个点的每个化合物要计算响应因子（RF）值，RF计算公式如下：

$$\mathrm{RF}=\frac{A_x}{A_{is}}\times\frac{c_{is}}{c_x}$$

式中 A_x——目标化合物特征离子峰面积；

A_{is}——相对应的内标化合物特征离子峰面积；

c_{is}——内标化合物浓度，μg/mL；

c_x——目标化合物的浓度，μg/mL。

d. 初始校准曲线的容许标准。每个化合物和替代物RF的相对标准偏差（%RSD）要不大于20%，这时可用5个浓度RF值的均值即平均响应因子（$\overline{\mathrm{RF}}$）来作定量。

② 连续校准。连续校准用校准曲线的一个浓度点（例如目标化合物和替代物的浓度均为10μg/mL），其目的是评价仪器的灵敏度和线性。

a. 连续校准的频率。连续校准（CC）每12h分析1次。如果CC符合初始校准曲线的允许标准，就可以分析样品。

b. 连续校准的程序。连续校准的浓度为10μg/mL。计算CC与最近一次初始校准曲线的百分漂移（%D）。公式如下：

$$\%D=\frac{c_I-c_c}{c_I}\times100\%$$

式中 c_I——校准物的标准浓度（例如15μg/mL）；

c_c——用所选择的定量方法测定的该校准物浓度。

如果百分漂移值≤20%，则初始校准曲线仍能继续使用，如果任

何一个化合物的百分漂移值>20%，要查找原因，采取措施，如果采取措施后不能找到问题根源，就要重新制作校准曲线。

4.1.5.4 定性定量方法

（1）目标化合物的定性　用两种方式对目标化合物进行定性分析。

① 相对保留时间（RRT）。目标化合物的RRT一定要在校准标准中目标化合物RRT的±0.06（RRT单位）内。

$$\mathrm{RRT}=\frac{\text{目标化合物的保留时间}}{\text{相关联的内标化合物的保留时间}}$$

② 质谱图比较。标准质谱图的相对离子丰度高于10%以上所有离子在样品质谱图要存在；

标准和样品谱图之间上述特定离子的相对强度要在20%之内；

标准质谱图中的分子离子峰必须在样品质谱图中存在；

在样品谱图中存在相对离子丰度高于10%的离子，但标准谱图中不存在，可能由于干扰的原因。

（2）目标化合物的定量　用初始校准曲线的平均响应因子来定量目标化合物。目标化合物的浓度不要超过初始校准曲线的上限。超过初始校准曲线的上限的化合物一定要稀释重新分析，两个结果都要报出，稀释分析文件的后缀为DL。

（3）目标化合物浓度的测定

$$\text{水样中化合物浓度}(\mu g/L)=\frac{(A_x)(c_{is})}{(A_{is})(RF)}\times V_{ex}\times DF/V_0$$

式中　A_x——目标化合物特征离子峰面积；

A_{is}——对应的内标化合物特征离子峰面积；

c_{is}——内标化合物浓度，μg/mL；

V_{ex}——样品提取液的体积，mL；

V_0——水样取样体积 L；

DF——稀释倍数；

RF——由初始校准测定取得的被测物平均响应因子。

4.1.5.5 方法性能

本方法涉及目标污染物总离子流见图 4-1、图 4-2。方法性能见表 4-2、表 4-3。

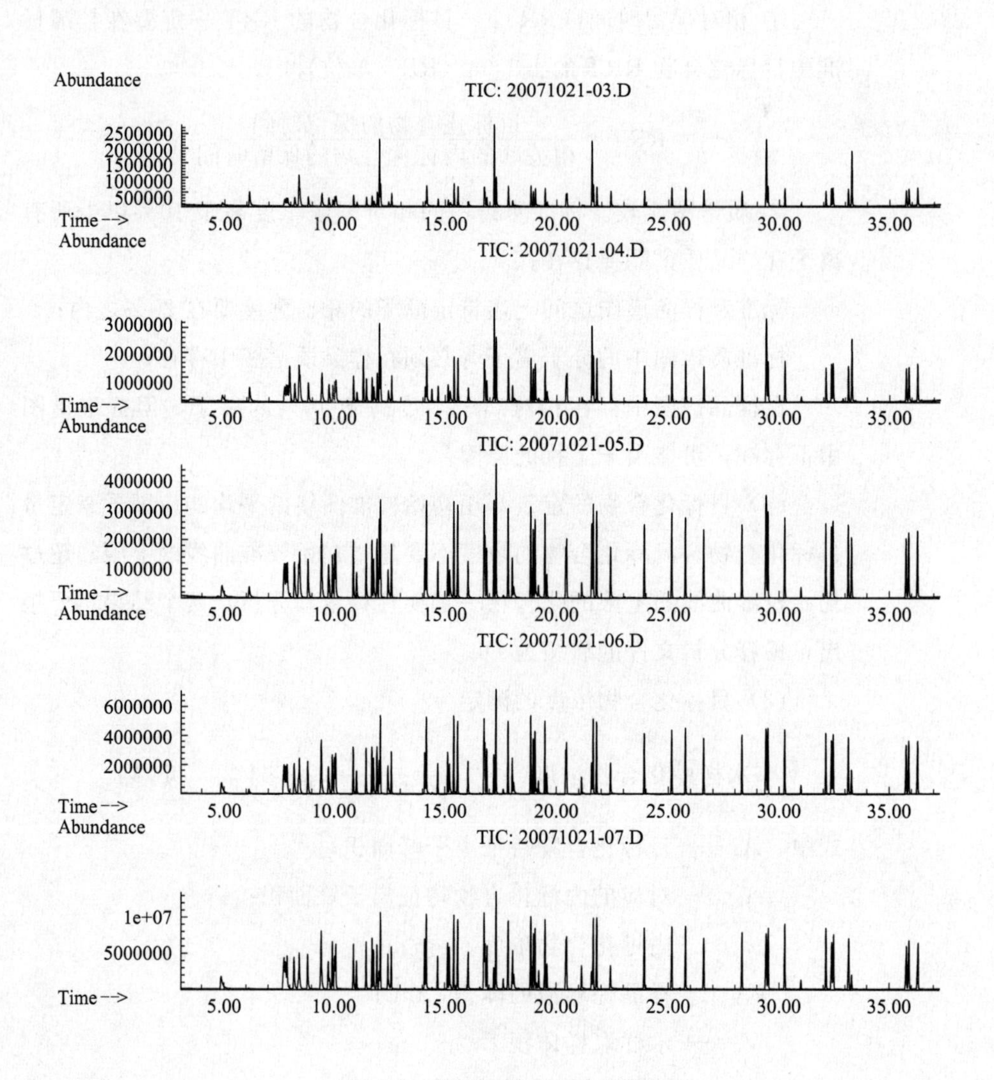

图 4-1 SVOC 的总离子流图

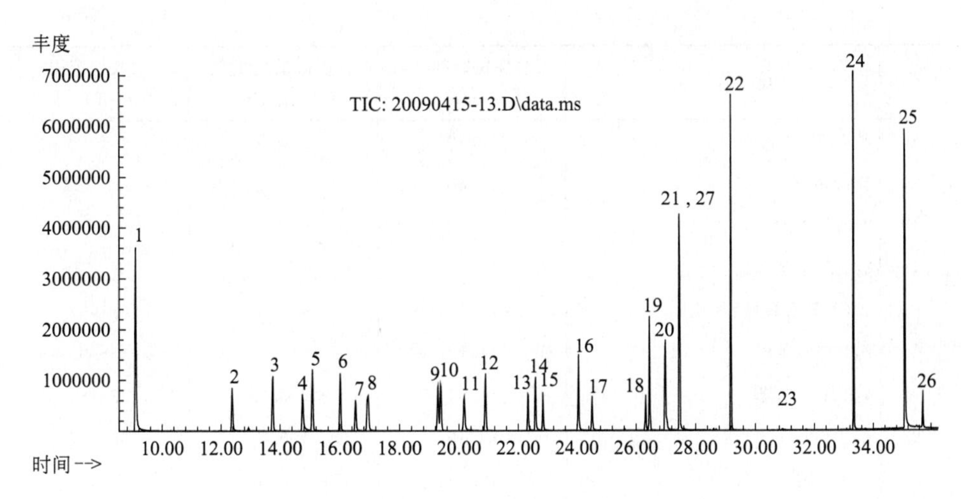

图 4-2　地表水特定项目中 27 种 SVOC 的总离子流图

以上图具体物质见表 4-3。

表 4-2　64 种 SVOC 性能指标

序号	化　合　物	保留时间/min	方法最低检出限/(μg/L)	回收率范围(n=6)/%
1	N,N-二甲基甲酰胺	2.26	<0.5	23～45
2	2-氟苯(SS)	4.89	<0.5	22～38
3	苯酚	7.74	<0.5	19～42
4	苯酚-D6(SS)	7.72	<0.5	17～35
5	2-氯苯酚	7.81	<0.5	46～82
6	二(2-氯乙基)乙醚	7.88	<0.5	46～88
7	1,3-二氯苯	8.20	<0.5	45～79
8	1,4-二氯苯	8.44	<0.5	45～79
9	1,2-二氯苯	8.83	<0.5	46～80
10	2-甲基苯酚	9.44	<0.5	16～61
11	双(2-氯异丙基)醚	9.44	<0.5	30～76
12	六氯乙烷	9.76	<0.5	41～74
13	N-亚硝基二正丙胺	9.82	<0.5	51～78
14	4-甲基苯酚	9.94	<0.5	14～60
15	硝基苯-D5(SS)	10.04	<0.5	54～100

续表

序号	化合物	保留时间/min	方法最低检出限/(μg/L)	回收率范围(n=6)/%
16	硝基苯	10.10	<0.5	49～96
17	异佛尔酮	10.88	<0.5	61～111
18	2-硝基苯酚	11.02	<0.5	64～104
19	2,4-二甲基苯酚	11.45	<0.5	9～62
20	二(2-氯乙氧基)甲烷	11.71	<0.5	57～97
21	2,4-二氯苯酚	11.78	<0.5	65～93
22	1,2,4-三氯苯	11.94	<0.5	52～84
23	萘	12.10	<0.5	63～97
24	4-氯苯胺	12.45	<0.5	6～53
25	六氯丁二烯	12.60	<0.5	52～84
26	4-氯-3-甲基苯酚	14.11	<0.5	60～112
27	2-甲基萘	14.19	<0.5	64～92
28	六氯环戊二烯	14.70	<0.5	7～87
29	2,4,6-三氯苯酚	15.15	<0.5	40～113
30	2,4,5-三氯苯酚	15.23	<0.5	71～110
31	2-氟-1,1-联苯(SS)	15.43	<0.5	67～101
32	2-氯萘	15.60	<0.5	67～95
33	2-硝基苯胺	16.07	<0.5	81～110
34	苊烯	16.78	<0.5	108～137
35	邻苯二甲酸二甲酯	16.83	<0.5	82～111
36	2,6-二硝基甲苯	16.91	<0.5	82～106
37	3-硝基苯胺	17.32	<0.5	46～93
38	苊	17.32	<0.5	70～96
39	2,4-二硝基苯酚	17.64	<0.5	65～112
40	二苯并呋喃	17.86	<0.5	76～112
41	4-硝基苯酚	18.12	<0.5	10～106
42	2,4-二硝基甲苯	18.06	<0.5	91～125
43	芴	18.87	<0.5	77～122
44	邻苯二甲酸二乙酯	18.99	<0.5	83～124

续表

序号	化 合 物	保留时间 /min	方法最低检出限 /(μg/L)	回收率范围 (n=6)/%
45	4-氯二苯基醚	19.06	<0.5	74～118
46	4-硝基苯胺	19.13	<0.5	59～188
47	4,6-二硝基-2-甲酚	19.23	<0.5	81～123
48	偶氮苯	19.51	<0.5	71～106
49	2,4,6-三溴苯酚(SS)	19.60	<0.5	68～125
50	六氯苯	20.45	<0.5	81～134
51	4-溴二苯基醚	20.48	<0.5	78～123
52	五氯苯酚	21.14	<0.5	7～138
53	菲	21.66	<0.5	75～134
54	蒽	21.82	<0.5	44～124
55	咔唑	22.43	<0.5	86～155
56	邻苯二甲酸二丁酯	23.94	<0.5	87～157
57	荧蒽	25.18	<0.5	77～152
58	芘	25.79	<0.5	77～155
59	*p*-三联苯-D14(SS)	26.60	<0.5	95～146
60	丁基苄基邻苯二甲酸酯	28.34	<0.5	90～150
61	苯并[*a*]蒽	29.43	<0.5	80～160
62	䓛	29.53	<0.5	79～173
63	邻苯二甲酸二异辛酯	30.27	<0.5	94～164
64	邻苯二甲酸二正辛酯	32.13	<0.5	102～173
65	苯并[*b*]荧蒽	32.40	<0.5	82～148
66	苯并[*k*]荧蒽	32.49	<0.5	78～184
67	苯并[*a*]芘	33.19	<0.5	47～126
68	茚并[1,2,3-*cd*]芘	35.79	<0.5	80～129
69	二苯并[*ah*]蒽	35.91	<0.5	85～133
70	苯并[*ghi*]苝	36.32	<0.5	64～142

表 4-3 地表水特定项目中 SVOC 方法性能

序号	化合物	保留时间/min	方法最低检出限/(μg/L)	回收率(n=6)/%
1	苯胺	9.08	0.06	45.8～72.6
2	硝基苯	12.39	0.06	60.2～75.9
3	1,2,3-三氯苯	13.75	0.03	36.5～60.5
4	2,4-二氯苯酚	14.78	0.05	48.5～63.0
5	1,2,4-三氯苯	15.08	0.03	45.7～65.0
6	1,3,5-三氯苯	16.01	0.02	42.1～67.3
7	*m*-硝基氯苯	16.53	0.03	51.2～78.1
8	(*p*+*o*)-硝基氯苯	16.94	0.03	58.5～94.0
9	1,2,3,4-四氯苯	19.29	0.03	42.0～66.0
10	1,2,3,5-四氯苯	19.38	0.02	42.9～66.8
11	2,4,6-三氯苯酚	20.19	0.06	26.7～66.0
12	1,2,4,5-四氯苯	20.89	0.02	47.3～68.4
13	*o*-二硝基苯	22.35	0.07	69.2～92.9
14	*p*-二硝基苯	22.60	0.05	74.8～102
15	*m*-二硝基苯	22.84	0.03	78.5～114
16	2,4-二硝基甲苯	24.06	0.05	73.9～107
17	2,4-二硝基氯苯	24.54	0.04	73～103.9
18	2,4,6-三硝基甲苯	26.34	0.02	63.1～100
19	六氯苯	26.46	0.05	59.8～83.0
20	阿特拉津	26.99	0.07	71.6～98.7
21	五氯酚	27.05	0.04	17.5～35.3
22	邻苯二甲酸二丁酯	29.19	0.06	82.8～111
23	联苯胺	30.87	0.05	4.0～14.8
24	邻苯二甲酸二(2-乙基己基)酯	33.32	0.17	73.3～123
25	苯并[*a*]芘	35.09	0.07	57.9～106
26	溴氰菊酯	35.60	0.16	71.4～140
27	菲-D10(内标)	27.44	—	—

4.2 固相膜萃取-气相色谱/质谱法

4.2.1 适用范围

适用于地表水、地下水、废水和固废浸出液中半挥发性有机物的测定。

4.2.2 方法原理

用固相萃取膜富集水样中有机物，在熔融硅毛细管柱（固定液为弱极性聚硅氧烷）上分离，质谱进行定性定量检测。包括多环芳烃、氯代烃类及农药、酞酸酯类、有机磷酸酯类、亚硝胺类、卤代醚类、醛类、醚类、酮类、苯胺类、吡啶类、喹啉类、硝基芳香类、酚类（包括硝基酚）。

4.2.3 仪器

Horizon 公司的固相萃取仪（SPE-DEX4790）。J. T. BAKER 公司的 EPA8270 固相萃取膜，其他仪器同 4.1 液液萃取-气相色谱/质谱法。

4.2.4 分析步骤

固相萃取：分别用二氯甲烷、丙酮、甲醇、水活化萃取膜；水样上样量为 1L；氮气干燥 3min；分别用 5mL 不同溶剂洗脱 3 次；用无水硫酸钠除去水分后氮吹浓缩至 0.8mL 左右，加入内标，用二氯甲烷定容至 1mL，进仪器分析。分析部分同 4.1 液液萃取-气相色谱/质谱法。

本方法未提及部分同 4.1 液液萃取-气相色谱/质谱法。

第5章 多环芳烃的分析

5.1 适用范围

本方法规定了固相膜萃取-液相色谱荧光法分析水样中多环芳烃，适用于地表水、地下水以及部分污水中多环芳烃的测定。

方法检测限随仪器和样品情况有所变化，但应满足相关标准要求。

5.2 方法原理

本方法用固相膜萃取水样中多环芳烃，用二氯甲烷作为洗脱剂，浓缩，溶剂转换成乙腈后用液相色谱分离，荧光检测器检测。

5.3 仪器

（1）液相色谱　配置荧光检测器，色谱柱为多环芳烃专用柱（4.6mm×250mm，5μm），只要能达到分离效果，可使用其他类型色谱柱。

（2）固相萃取装置　全自动或简易型，柱式或膜式。本方法开发时分别使用全自动膜式（Horizon 公司的固相萃取仪 SPE-DEX4790)，配备 C18 固相萃取膜。只要满足分析要求，可使用其他型号。

（3）氮吹仪。

5.4 试剂

（1）乙腈（色谱级）。

（2）甲醇（色谱级）。

（3）二氯甲烷（农残级）。

（4）标准品　为有证标准。

（5）超纯水。

5.5 分析步骤

5.5.1 前处理

（1）富集净化

① 分别用 10mL 二氯甲烷、10mL 甲醇和 10mL 水活化固相萃取膜；

② 上样 1000mL 水样；

③ 用 10mL 甲醇/水＝1/9 水淋洗小柱；

④ 3 次用二氯甲烷溶液洗脱，合并洗脱液。

（2）浓缩　用氮吹仪吹至近干，用乙腈定容至一定体积，此溶液用于仪器测定。

5.5.2 仪器条件

方法开发时使用的仪器条件见表 5-1、表 5-2，只要满足分析要求，各实验室可以根据需要适当调整。标样色谱图见图 5-1。

5.5.3 定量分析

（1）标准溶液　浓度为 200μg/mL，购自国内外有证标准生产厂家，−20℃保存。

（2）标准系列溶液　用乙腈配制 5 个标准系列溶液（临时配制）。

（3）定量分析　配制 0.001μg/mL、0.01μg/mL、0.02μg/mL、0.05μg/mL、0.1μg/mL 5 个不同浓度的标准溶液，以目标物的浓度比为横坐标，峰面积的比值为纵坐标，作线性回归，相关系数应大于 0.99。水样中化合物的浓度：

$$c=\frac{A-A_0}{A_s}\times c_s\times\frac{V_1}{V_2}$$

式中　c——水样中被测组分的质量浓度，μg/L；

c_s——标准样品的质量浓度，μg/L；

V_1——萃取液定容体积，mL；

V_2——水样取样体积，mL；

A、A_0、A_s——被测样品、空白样品、标准样品中组分的响应值。

表 5-1　梯度条件

时间/min	流量/(mL/min)	乙腈体积分数/%	水体积分数/%
0.01	1.50	50.0	50.0
5.00	1.50	50.0	50.0
20.00	1.50	99.0	1.0
24.00	1.50	99.0	1.0
26.00	1.50	50.0	50.0
33.00	1.50	50.0	50.0

表 5-2　波长切换

污染物	激发波/nm	发射波/nm
萘	218	357
氢苊	220	315
芴	220	315
菲	244	360
蒽	244	400
荧蒽	237	460
芘	237	385
苯并[*a*]蒽	277	376
䓛	277	376
苯并[*b*]荧蒽	290	420
苯并[*k*]荧蒽	290	420
苯并[*a*]芘	290	420
二苯并[*ah*]蒽	300	415
苯并[*ghi*]苝	293	498
茚[1,2,3-*cd*]芘	293	498

5.5.4　定性分析

定性分析方法为比较样品与标样保留时间，确定保留时间一致的目标物。

5.5.5　性能指标

（1）检测限　当富集 1000 倍时，方法的检测限为 0.0004～0.0016μg/L，测定下限为 0.0016～0.0064μg/L。

（2）准确度　向 1000mL 水样中加入 200ng 多环芳烃标样，经过固相萃取后，同时做 6 次，测定回收率，结果为 80.8%～98.9%，见表 5-3。

表 5-3 回收率

编号	污染物	回收率/%	相对标准偏差/%
1	萘	80.8	4.5
2	氢苊	84.0	4.6
3	芴	88.2	3.4
4	菲	98.9	4.0
5	蒽	86.1	3.1
6	荧蒽	98.9	2.3
7	芘	98.1	1.0
8	苯并[*a*]蒽	90.5	2.3
9	䓛	96.8	1.9
10	苯并[*b*]荧蒽	99.1	2.3
11	苯并[*k*]荧蒽	95.9	2.0
12	苯并[*a*]芘	90.5	1.6
13	二苯并[*ah*]蒽	95.9	2.5
14	苯并[*ghi*]苝	96.0	4.8
15	茚[1,2,3-*cd*]芘	97.1	4.0

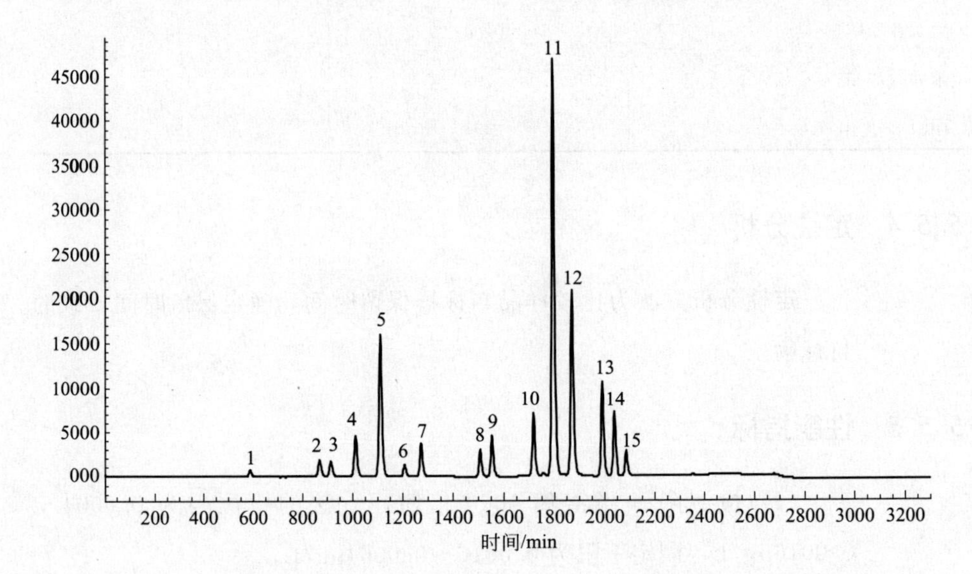

图 5-1 15 种多环芳烃色谱图（1～15 见表 5-3）

（3）线性范围 1.0～100μg/L 之间配制 5 个工作曲线系列，得到工作曲线相关系数大于 0.99。

第6章 有机氯农药、百菌清和多氯联苯的分析

6.1 适用范围

本方法适用于地表水、地下水以及部分污水中有机氯农药、百菌清和多氯联苯的测定。

本方法最低检测质量为0.02ng，若取1000mL水样经处理后测定，则最低检测质量浓度为0.01μg/L。

6.2 方法原理

本方法用二氯甲烷作为萃取剂，在中性条件下萃取水中的有机氯农药、百菌清和多氯联苯，使用二氯甲烷为萃取剂，萃取液在进仪器分析之前应转换成正己烷。根据基体干扰性质的不同，采取相应的净化处理方法。用具电子捕获检测器的毛细管气相色谱仪进行分离测定。

6.3 仪器

（1）气相色谱　带ECD检测器和自动进样器。

（2）分液漏斗　1000mL，带聚四氟活塞。

（3）样品瓶（2mL）。

（4）分液漏斗（1000mL）。

（5）旋转蒸转浓缩器、氮吹仪。

（6）振荡器　每分钟振荡次数不小于200次。

6.4 试剂

（1）二氯甲烷（农残级）。

（2）正己烷（农残级）。

（3）空白试剂水　要求水中干扰物的浓度不得大于目标化合物的检测限。

（4）无水硫酸钠　分析纯，在400℃下烘4h，冷却后装入密封的玻璃瓶中存放。

（5）NaCl　分析纯，在400℃下烘4h，冷却后装入密封玻璃瓶中存放。

（6）分析物质标准储备溶液　标准储备溶液可以用纯标准物质配制而成，或者直接购买有证标准，一般浓度为1.0mg/mL。

（7）分析物质标准工作溶液　用正己烷稀释标准储备溶液，配制成各种浓度的标准工作溶液，存放于4℃冰箱中。

（8）替代品的标准　有机氯农药替代品为十氯联苯，也可以使用2,4,5,6-四氯-间二甲苯和十氯联苯混合溶液。溶液的配制浓度与分析物质的标准储备溶液和标准使用液相同。

（9）仪器性能检验溶液（PEM）　PEM含有 p,p'-DDT和异狄氏剂，溶液可以用纯标准物质配制而成，或者直接购买有证标准，一般浓度为1mg/mL。使用时用正己烷稀释成50μg/L的标准溶液。

6.5 分析步骤

6.5.1 样品前处理

（1）样品的萃取　取1000mL水样于1000mL的分液漏斗中，用6mol/L氢氧化钠调节溶液的pH值为7，加入约50g的NaCl，溶解后再准确加入替代品标准1mL（替代品的加入量为80ng），向水样中加入60mL二氯甲烷，震荡萃取约20min，然后静止分层，将有机相经无水硫酸钠收集于500mL平底烧瓶中；水相再用60mL的二氯甲烷萃取一次，合并两次萃取液。

如果样品严重乳化，应使用连续液液萃取仪进行样品萃取。

注：若水样中悬浮物>1%，需要静置分离，分离后取上清液按上述方法进行提取。

（2）萃取液的纯化　若萃取液颜色较深，则萃取液需要纯化。纯化的方法是向萃取液中加入约30mL浓硫酸，然后开始轻轻震荡（注意放气），然后激烈震荡5～10s，静置分层后弃去下层硫酸。然后重复操作数次，到硫酸层为无色为止。净化后向有机层中加入60mL 20g/L的硫酸钠水溶液洗涤两次，弃去水相，有机层用无水硫酸钠干燥后待浓缩。（本净化方法不适合测定狄氏剂、异狄氏剂，如果需要测定这两种化合物，需要用氟罗里硅土净化柱净化。）

（3）萃取液浓缩　将干燥后的萃取液转移到K-D浓缩器或旋转蒸发器中浓缩，浓缩温度在65～70℃，浓缩液剩约1～2mL溶剂时，需冷却后加入10mL的正己烷，然后再浓缩，最后定容至5mL。

6.5.2 仪器条件

DB-5毛细管色谱柱（30m×0.32mm×0.25μm）或其他相应的色谱柱（如DB-1，DB-1701均可），无分流进样，进样口温度270℃，检测器温度 310℃。

对 DB-5 色谱柱，柱温 80℃保持 1min，10℃/min 程序升温至 205℃，再以 1℃/min 程序升温至 225℃，最后以 12℃/min 程序升温至 290℃保持 3min，流速 1.6mL/min。

（1）仪器的性能检验　向仪器中进样 1μL 浓度为 50ng/mL 的仪器性能检验标准（PEM），如只测地面水的项目，仪器性能检验溶液可以只含 p,p'-DDT。如果仪器连续进行分析超过 12h，则需重新分析 PEM。

（2）仪器的初始校准和标准曲线的绘制　取一定量分析物质标准使用溶液和替代品标准使用液，配制成 5μg/L，10μg/L，20μg/L，30μg/L，50μg/L 五个浓度点。准确吸取上述标准系列溶液 1.0μL 注入气相色谱仪，启动仪器分析。记录组分的保留时间和响应值，以浓度为横坐标对应的峰高或峰面积为纵坐标，绘制标准曲线。

有机氯农药和多氯联苯（PCB）标准样品色谱图如图 6-1、图 6-2 所示。

（3）连续校准（即中间浓度检验）（CC）　每天在样品分析之前

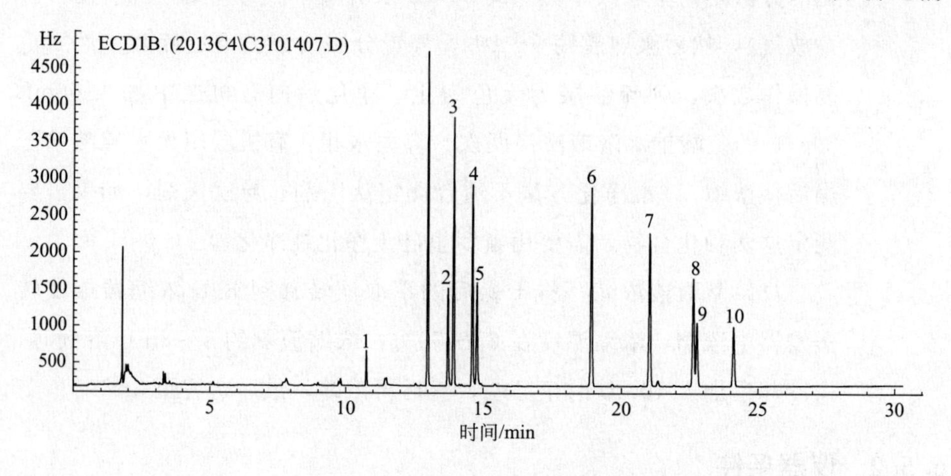

图 6-1　有机氯农药气相色谱图

1—α-六六六；2—β-六六六；3—γ-六六六；4—δ-六六六；5—百菌清；6—环氧七氯；7—p,p'-DDE；8—p,p'-DDD；9—o,p'-DDT；10—p,p'-DDT

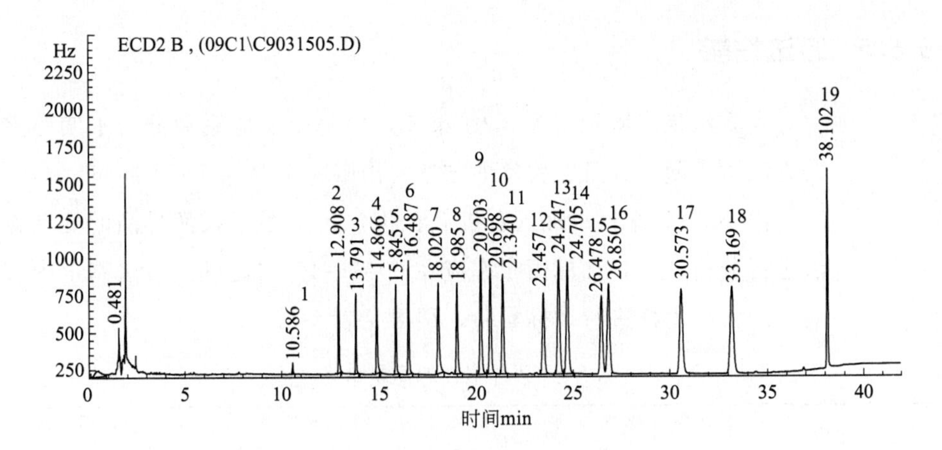

图 6-2　PCB M-8082 气相色谱图（GC-ECD）

1—PCB 1；2—PCB 5；3—PCB 18；4—PCB 31；5—PCB 52；6—PCB 44；
7—PCB 66；8—PCB 101；9—PCB 87；10—PCB 110；11—PCB 151；
12—PCB 153；13—PCB 141；14—PCB 138；15—PCB 187；
16—PCB 183；17—PCB 180；18—PCB 170；19—PCB 206

和样品分析以后，要用 20.0μg/L 的曲线中间浓度进行曲线检验。

6.5.3　定量分析

以组分的色谱峰高或峰面积计算其质量浓度，按下式计算：

$$c=\frac{A-A_0}{A_s}\times c_s\times V_1/V_2$$

式中　c——水样中被测组分的质量浓度，μg/L；

c_s——标准样品的质量浓度，μg/L；

V_1——萃取液定容体积，mL；

V_2——水样取样体积，mL；

A、A_0、A_s——被测样品、空白样品、标准样品中组分的响应值。

6.5.4　定性分析

将样品色谱图与标准谱图对照以保留时间定性。

6.5.5 方法性能

本方法检出限规定为0.01μg/L，但每个实验室要分析本实验室的方法检出限，并且实验室的方法检出限一定要低于0.01μg/L。

向200mL水样中加入有机氯农药50ng，然后按照样品的处理方法进行分析计算，加标回收率应在60%～120%之间。方法制定中曾对2个实际水样进行加标实验，结果见表6-1。

表6-1 实际水样加标回收率

样品		α-六六六	β-六六六	γ-六六六	δ-六六六	p,p'-DDE	o,p'-DDT	p,p'-DDD	p,p'-DDT	百菌清	环氧七氯
加标量		32.0	80.0	48.0	80.0	64.0	80.0	80.0	120	48.0	80.0
1#	回收率/%	101.4	88.2	92.0	99.6	76.4	79.4	115.1	105.2	84.0	88.2
		94.6	87.6	90.5	99.7	74.6	83.0	115.0	102.9	85.0	85.8
	RSD/%	3.5	0.34	0.82	0.05	1.2	2.2	0.04	1.1	0.59	1.4
2#	回收率/%	82.1	80.2	76.0	86.6	78.2	80.1	114.1	107.3	75.9	76.1
		82.7	80.6	76.6	87.3	80.7	82.7	112.1	103.4	76.3	76.9
	RSD/%	0.36	0.25	0.39	0.40	1.6	1.6	0.88	1.8	0.26	0.52

注：回收率有两个结果，最后取其平均值。

第7章

有机磷农药和黄磷的分析

7.1 适用范围

本方法适用于地表水和地下水中对硫磷、甲基对硫磷、马拉硫磷、乐果、内吸磷、敌敌畏、敌百虫等7个有机磷农药组分的测定。若取1000mL水样经处理后测定，则最低检测质量浓度为0.2μg/L。

7.2 方法原理

本方法用二氯甲烷作为萃取剂，在中性条件下萃取水中的有机磷农药。用具火焰光度（FPD）或氮磷检测器（NPD）的毛细管气相色谱仪进行分离测定（在测定敌百虫时，由于其极性大、水溶性强，用二氯甲烷萃取时提取率较低，可采用将敌百虫转化为敌敌畏后再行测定的间接测定法）。

7.3 仪器

（1）气相色谱　带火焰光度检测器或氮磷检测器，自动进样器。

（2）分液漏斗　1000mL带聚四氟活塞。

（3）样品瓶　2mL。

（4）分液漏斗　1000mL。

（5）旋转蒸转浓缩器、氮吹仪。

（6）振荡器　每分钟振荡次数不小于200次。

7.4 试剂

（1）二氯甲烷　农残级。

（2）正己烷　农残级。

（3）空白试剂水　要求水中干扰物的浓度不得大于目标化合物的检测限。

（4）无水硫酸钠　分析纯，在400℃下烘4h，冷却后装入密封的玻璃瓶中存放。

（5）NaCl　优级纯，在400℃下烘4h，冷却后装入密封的玻璃瓶中存放。

（6）分析物质标准储备溶液（1.0mg/mL）　标准储备溶液可以用纯标准物质配制而成，或者直接购买有证标准。

（7）分析物质标准工作溶液　用正己烷稀释标准储备溶液，配制成各种浓度的标准工作溶液，存放于4℃冰箱中。

（8）替代品的标准储备溶液（1.0mg/mL）　有机磷农药替代品为磷酸三苯酯。

7.5 分析步骤

7.5.1 样品前处理

（1）样品的萃取　取1L水样1000mL的分液漏斗中，用6mol/L氢氧化钠调节溶液的pH值为7，加入约50g的NaCl，溶解后再加入替代品标准1mL（替代品的加入量为5μg），向水样中每次加入

60mL 二氯甲烷萃取，共萃取 2 次，收集水层，萃取液经无水硫酸钠合并。

注：若水样中的悬浮物＞1%，需要静置分离，分离后取上清液按上述方法进行提取。

敌百虫可以采取以下方法测定：将上步中收集的水层调 pH 值至 10 后，倒入 1000mL 锥形瓶中，盖好瓶塞，置于 50℃的水浴锅中进行碱解，不断摇动锥形瓶。15min 后取出锥形瓶，冷至始温后调 pH 值至 7，将此溶液转移至 1000mL 分液漏斗中，以下操作同上。

（2）萃取液浓缩　将收集萃取液转移到 K-D 浓缩器或旋转蒸发器中浓缩，浓缩温度为 65～70℃，最后浓缩体积为 5mL。如果使用氮磷检测器，浓缩液剩约 2mL 溶剂时，需冷却后加入 5mL 的正己烷，然后再浓缩定容至 5mL。

7.5.2 仪器条件

DB-5 毛细管色谱柱（30m×0.32mm×0.25μm）或其他相应的色谱柱（如 DB-1，HP-5，OV-17），无分流进样，进样口温度 250℃，检测器温度 250℃。

对 DB-5 色谱柱：柱温 100℃，15℃/min 程序升温至 160℃，再以 8℃/min 程序升温至 250℃保持 3min，流速 1.6mL/min。

7.5.3 定量分析

（1）仪器的初始校准　取一定量分析物质标准使用溶液和替代品标准使用液，配制成 0.2μg/mL、0.5μg/mL、1.0μg/mL、2.0μg/mL、5.0μg/mL 五个浓度点。进样 1μL，不分流进样，进样后 0.75min 分流，分流比 30∶1。

有机磷标准样品色谱图如图 7-1 所示。

（2）连续校准（即中间浓度检验）（CC）　每天在样品分析之前和样品分析以后，要用 1.0μg/mL 的曲线中间浓度进行曲线检验。

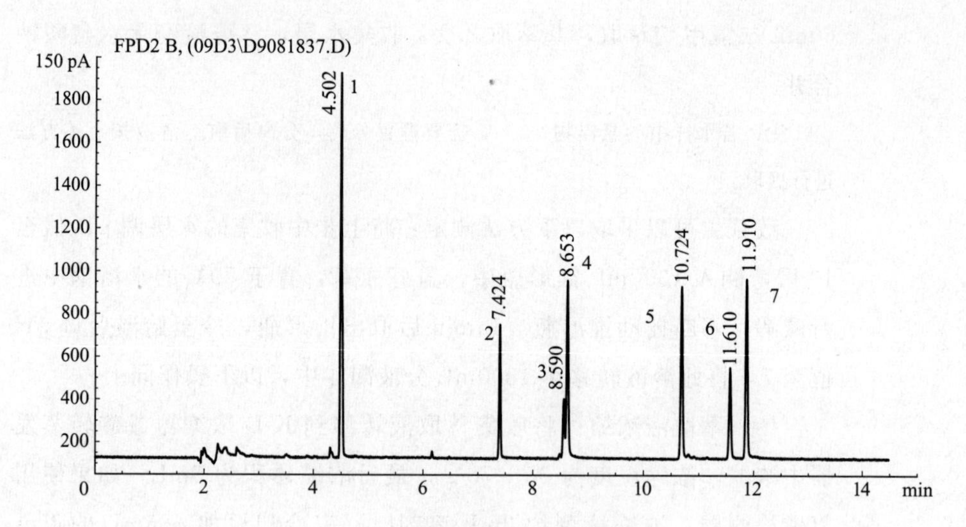

图 7-1 有机磷农药标准色谱图

1—敌敌畏；2—敌百虫；3—内吸磷；

4—乐果；5—甲基对硫磷；6—马拉硫磷；7—对硫磷

以组分的色谱峰高或峰面积计算其质量浓度，按下式计算：

$$c=\frac{A-A_0}{A_s}\times c_s\times\frac{V_1}{V_2}$$

式中 c——水样中被测组分的质量浓度，μg/L；

c_s——标准样品的质量浓度，μg/L；

V_1——萃取液定容体积，mL；

V——水样取样体积，mL；

A、A_0、A_s——被测样品、空白样品、标准样品中组分的响应值。

7.5.4 定性分析

将样品色谱图与标准谱图对照以保留时间定性。

7.5.5 方法性能

（1）实验室检出限（MDL）的确定 向 200mL 的纯水中，加入有机磷农药的标准溶液，使每种有机磷的加入量为 1.0μg。按样品的

分析方法进行样品处理和浓缩，连续分析 7 个空白加标样品，用校准曲线计算每个样品中化合物的浓度，然后再计算 7 次测定浓度的标准偏差 S_b。

$$MDL=3S_b$$

（2）样品加标回收率　向 1L 水样中加入有机磷农药 2.0μg，然后按照样品的处理方法进行分析计算，加标回收率应在 60%～120%之间（敌百虫的回收率为 40%～60%）。

第8章 微囊藻毒素的分析

8.1 适用范围

本方法规定了高效液相色谱/紫外法和高效液相色谱/质谱法测定水中微囊藻毒素的条件和分析步骤，适用于饮用水和地表水中微囊藻毒素的测定。高效液相色谱/紫外法的检测限为0.1μg/L，高效液相色谱/质谱法的检测限为0.01μg/L。

高效液相色谱/紫外法参见《水和废水监测分析方法》第四版增补版，高效液相色谱/质谱法如下。

8.2 方法原理

用固相萃取对水样进行富集、净化，单极质谱采用选择离子方式进行定量分析，串联质谱采用多反应监测（MRM）方式进行定量分析。根据微囊藻毒素在单极质谱中产生的母离子、在串联质谱中同时产生的母离子和碎片离子进行定性分析。

8.3 仪器

（1）高效液相色谱/质谱仪　配置单极质谱、串联质谱、时间飞

行质谱等，本方法制定中使用色谱柱为C18反向色谱柱（2.1mm×50mm，1.7μm），只要满足分析要求，可使用其他种类色谱柱。

（2）固相萃取装置　全自动或简易型，柱式或膜式。本方法开发时分别使用全自动柱式和膜式固相萃取仪，前者配备HLB固相萃取小柱（500mg/6mL），后者配备HLB固相萃取膜（47mm）。只要满足分析要求，可使用其他型号。

（3）抽滤瓶　带真空泵和0.45μm玻璃纤维滤膜。

（4）氮吹仪。

8.4 试剂

（1）甲醇（色谱级）。

（2）甲酸（色谱级）。

（3）50%甲醇溶液　50mL甲醇与50mL水混合。

（4）微囊藻毒素标准品　纯度大于95%。

（5）超纯水。

8.5 分析步骤

8.5.1 前处理

（1）水样　用0.45μm滤膜过滤。

（2）富集净化

① 分别用10mL甲醇和10mL水活化固相萃取小柱；

② 上样500mL水样（加入5mL甲醇）；

③ 用10mL 10%的甲醇溶液淋洗小柱；

④ 2次用5mL甲醇溶液洗脱微囊藻毒素，合并洗脱液。

（3）浓缩　用氮吹仪吹至一定体积，此溶液用于仪器测定。

8.5.2 仪器条件

以下描述为方法开发时使用的仪器条件，只要满足分析要求，各实验室可以根据需要适当调整。

（1）液相部分　柱温45℃；流动相为甲醇和0.1%（体积比）甲酸的水溶液，流量为0.2mL/min，甲醇在5min内从40%变至100%；紫外检测器波长为238nm。

（2）质谱部分　采用ESI^+，毛细管电压为3.8kV，源温为110℃，脱溶剂气温度为350℃，流量为500L/h，锥孔气为50L/h；采用串联质谱多反应监测方式（MRM）定量分析时氩气为0.38mL/min；锥孔电压和离子碰撞能量（CID）经实验优化见表8-1。

表8-1　MRM分析时质谱参数

物质	锥孔电压/V	CID/eV	停留时间/s	母离子/子离子
MCYST-LR	80	50	0.2	995.50>134.90
MCYST-RR	50	28	0.2	520.00>134.90
MCYST-LW	50	28	0.2	1025.70>583.00
MCYST-LF	50	50	0.2	986.90>134.90

8.5.3 定量分析

（1）标准储备液　LR、RR浓度为500μg/mL，其余为50μg/mL，－20℃保存。

（2）标准系列溶液　用甲醇配制0.01μg/mL、0.05μg/mL、0.1μg/mL、0.5μg/mL、1.0μg/mL（临时配制）。

（3）定量分析　本方法制定采用串联质谱仪、MRM定量方式。MRM方式是串联四极杆质谱常用的定量方式，其利用第一个四极杆选定目标分子离子（母离子），进而使该离子断裂产生二级碎片，利用第二个四极杆选定目标物的特征子离子，用特征

子离子的响应进行定量分析。仅母离子相同，而特征子离子不同的物质不会干扰目标物测定，这也是单个四极杆质谱无法克服的局限。因此，MRM方式在完成定量分析的同时，利用母离子和子离子进行定性分析。

采用外标法定量，配置至少5个浓度水平的标准系列，将峰面积和浓度做线性回归，相关系数应达到0.99。

① 工作曲线法。水中微囊藻毒素浓度计算公式为：

$$c=\frac{c_s \times V_2}{V_1}$$

式中 c——水样中目标物浓度，μg/L；

c_s——通过工作曲线计算的样品浓度值，μg/mL；

V_2——定容体积，mL；

V_1——水样体积，L。

② 单点法。水中微囊藻毒素浓度计算公式为：

$$c=\frac{c_s \times \dfrac{A_i}{A_s} \times V_1}{V_2}$$

式中 A_i——样品峰面积；

A_s——标样峰面积；

c_s——标样浓度，μg/mL；

V_2——定容体积，mL；

V_1——水样体积，L。

8.5.4 定性分析

目标物总离子流见图8-1。定性分析方法有：①比较样品与标样保留时间，确定保留时间一致的目标物；②用选择离子方式确定待测物的质/荷是否与标样一致；③改变不同的锥孔电压使目标离子短裂产生碎片，比较样品和标准品的离子断裂碎片，进一步对目标物进行定性分析；④利用二级质谱研究选定的分子离子峰的二级碎片，与标

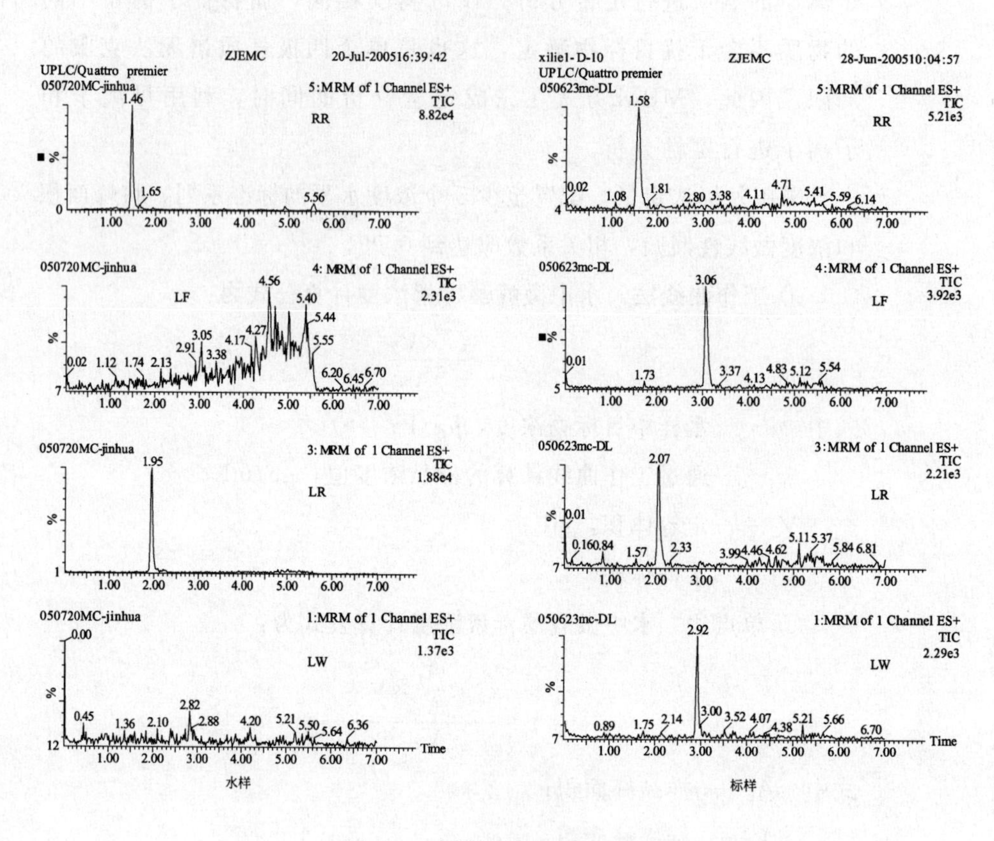

图 8-1　水样及标准总离子流

准品对照。

如果使用单个四极杆质谱，上述第④步则无法进行；如果使用离子阱质谱，则可进行二级以上的子离子研究。

8.5.5　方法性能

取 0.2mL MCYST 混标（LR、RR、LW、LF 分别为 12.5μg/L、12.5μg/L、6.3μg/L、6.3μg/L）加入 0.5L 水中，经过一系列前处理后分析其浓度，回收率见表 8-2。按 10 倍信噪比计算的方法检测限见表 8-2，LR、RR、LW、LF 分别为 2.5ng/L、6.0ng/L、2.5ng/L、

1.3ng/L。

表 8-2　方法的回收率、检测限

MCYST	回收率(n=4)/%	检测限/(ng/L)
LR	91.7±8.7	2.5
RR	101±7.9	6.0
LW	94.5±12	2.5
LF	111±8.0	1.3

第9章

氨基甲酸酯农药的分析

20世纪70年代以来，由于有机氯农药受到禁用或限用，以及抗有机磷杀虫剂的昆虫品种日益增多，氨基甲酸酯农药作为一种高效、广谱农药，在农作物保护中用量逐年增加。克百威、灭多威、异丙威、涕灭威都是典型的氨基甲酸酯农药。该农药急性中毒时可出现流泪、肌肉颤动、瞳孔缩小等胆碱酯酶抑制症状，且研究表明，其还是潜在的内分泌干扰物。因此氨基甲酸酯的污染现状及其环境行为备受关注。

9.1 适用范围

本方法规定了高效液相色谱/质谱法测定水中氨基甲酸酯的条件和分析步骤，适用于饮用水和地表水中氨基甲酸酯的测定。检测限必须低于0.01μg/L。

9.2 方法原理

根据氨基甲酸酯在单极质谱中产生的母离子、在串联质谱中同时产生的母离子和碎片离子进行定性分析。用固相萃取对水样进行富集、净化，单极质谱采用选择离子方式进行定量分析，串联质谱采用多反应监测（MRM）方式进行定量分析。

9.3 仪器

（1）高效液相色谱/质谱仪　配置单极质谱、串联质谱、时间飞行质谱等，本方法制定中使用色谱柱为C18反向色谱柱（2.1mm×50mm，1.7μm），只要满足分析要求，可使用其他种类色谱柱。

（2）固相萃取装置　全自动或简易型，柱式或膜式。本方法开发时分别使用全自动柱式和膜式固相萃取仪，前者配备HLB固相萃取小柱（500mg/6mL），后者配备HLB固相萃取膜（47mm）。只要满足分析要求，可使用其他型号。在方法开发时，使用的是HLB固相萃取小柱，未使用萃取膜。

（3）氮吹仪。

9.4 试剂

（1）甲醇（色谱级）。

（2）乙酸铵（优纯级）。

（3）50%甲醇溶液　50mL甲醇与50mL水混合。

（4）标准品　需为有证标准。

（5）超纯水。

9.5 分析步骤

9.5.1 前处理

（1）富集净化

① 分别用10mL乙腈、10mL甲醇和10mL水活化固相萃取小柱；

② 上样 500mL 水样（加入 5mL 甲醇）；

③ 用 10mL 10%的甲醇溶液淋洗小柱；

④ 2 次用 5mL 甲醇/乙腈＝1/1 溶液洗脱微囊藻毒素，合并洗脱液。

（2）浓缩　用氮吹仪吹至近干，用甲醇/水＝1/1 定容至 1.0mL，此溶液用于仪器测定。

9.5.2 仪器条件

以下描述为方法开发时使用的仪器条件，只要满足分析要求，各实验室可以根据需要适当调整。

（1）液相部分　柱温 45℃；流动相为甲醇和 5mmol/L 乙酸铵的水溶液，流量为 0.2mL/min，甲醇在 5min 内从 40%变至 80%。

（2）质谱部分　采用 ESI^+，毛细管电压为 3.0kV，源温为 110℃，脱溶剂气温度为 350℃，流量为 500L/h，锥孔气为 50L/h；采用串联质谱多反应监测方式（MRM）定量分析时氩气为 0.38mL/min；方法开发时涉及的目标污染物锥孔电压和离子碰撞能量（CID）经实验优化见表 9-1。

表 9-1　MRM 分析时质谱参数

物质	锥孔电压/V	CID	停留时间/s	母离子/子离子
灭多威	15	9	0.1	163.1>87.9
涕灭威亚砜	10	12	0.1	207.1>89.0
涕灭威砜	20	15	0.1	223.1>86.0
杀线威	12	10	0.1	237.1>71.9
甲萘威-D7	20	18	0.1	209.0>152.1
灭多威-D3	15	9	0.1	166.0>88.0
抗芽威	18	19	0.1	239.2>71.9
克百威	25	15	0.1	222.0>165.0
残杀威	20	13	0.1	209.8>110.8
甲萘威	20	18	0.1	202.1>145.0
羟基克百威	25	15	0.1	238.1>163.0
涕灭威	10	10	0.1	208.1>115.9

续表

物质	锥孔电压/V	CID	停留时间 s	母离子/子离子
二氧威	25	15	0.1	224.0>123.0
恶虫威	18	9	0.1	224.1>167.0
猛杀威	20	15	0.1	207.9>108.9
仲丁威	15	12	0.1	208.1>94.9
甲硫威	20	13	0.1	226.1>169.0
霜霉威	15	15	0.1	189.0>102.0
脱甲基抗芽威	20	17	0.1	225.0>72.0
硫双威	20	10	0.1	335.0>88.0
棉铃威	12	8	0.1	400.0>238.0
双氧威	20	10	0.1	302.0>116.0
苯硫威	10	12	0.1	254.0>72.0
茚虫威	30	15	0.1	528.0>249.0
丙硫克百威	10	15	0.1	411.0>190.0
丁酮威亚砜	15	10	0.1	207.0>132.0
久效威亚砜	15	9	0.1	235.0>104.0
乙硫苯威砜	13	10	0.1	258.0>107.0
久效威砜	15	10	0.1	251.0>57.0
异丙威	15	12	0.1	194.0>95.0
乙硫苯威	15	9	0.1	226.0>107.0
4-溴-3,5-甲基苯基氨基甲酸酯	17	10	0.1	258.0>201.0
呋线威	20	17	0.1	383.0>195.0

9.5.3 定量分析

（1）标准溶液　浓度为100μg/mL，购自国内外有证标准生产厂家，−20℃保存。

（2）标准系列溶液　用甲醇：水＝1：1配制0.002μg/mL、0.01μg/mL、0.05μg/mL、0.1μg/mL、0.2μg/mL（临时配制）。

（3）定量分析　本方法制定采用串联质谱仪、MRM定量方式。MRM方式是串联四极杆质谱常用的定量方式，其利用第一个四极杆选定目标分子离子（母离子），进而使该离子断裂产生二级碎片，利用第二个四极杆选定目标物的特征子离子，用特征子离子的响应进行定量分析。仅母离子相同，而特征子离子不同的物质不会干扰目标物测定，这也是单个四极杆质谱无法克服的局限。因此，MRM方式在完成定量分析的同时，利用母离子和子离子进行定性分析。

在0.002～0.2μg/mL浓度间，配制5个不同浓度的标准溶液，其中内标物质甲萘威-D7和灭多威-D3浓度均为0.05μg/mL，根据保留时间就近原则，分别选用合适的内标物质，以目标物与内标物的浓度比为横坐标，不同浓度目标物的峰面积与内标物峰面积的比值为纵坐标，作线性回归，相关系数应大于0.99。水样中化合物的浓度：

$$c=\frac{A_x c_{is}}{A_{is}\mathrm{RF}}\times V_2\times\frac{D}{V_1}$$

式中 c——样品中目标物的浓度；

A_x——目标物峰面积；

A_{is}——内标物峰面积；

c_{is}——内标物浓度；

RF——校准因子；

D——稀释倍数。

9.5.4 定性分析

定性分析方法有：①比较样品与标样保留时间，确定保留时间一致的目标物；②用选择离子方式确定待测物的质/荷是否与标样一致；③改变不同的锥孔电压使目标离子短裂产生碎片，比较样品和标准品的离子断裂碎片，进一步对目标物进行定性分析；④利用二级质谱研究选定的分子离子峰的二级碎片，与标准品对照。

如果使用单个四极杆质谱，上述第④步则无法进行；如果使用离子阱质谱，则可进行二级以上的子离子研究。

9.5.5 性能指标

目标物总离子流见图9-1，性能指标见表9-2。

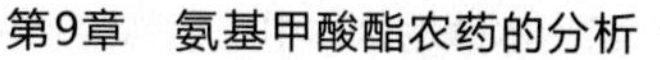

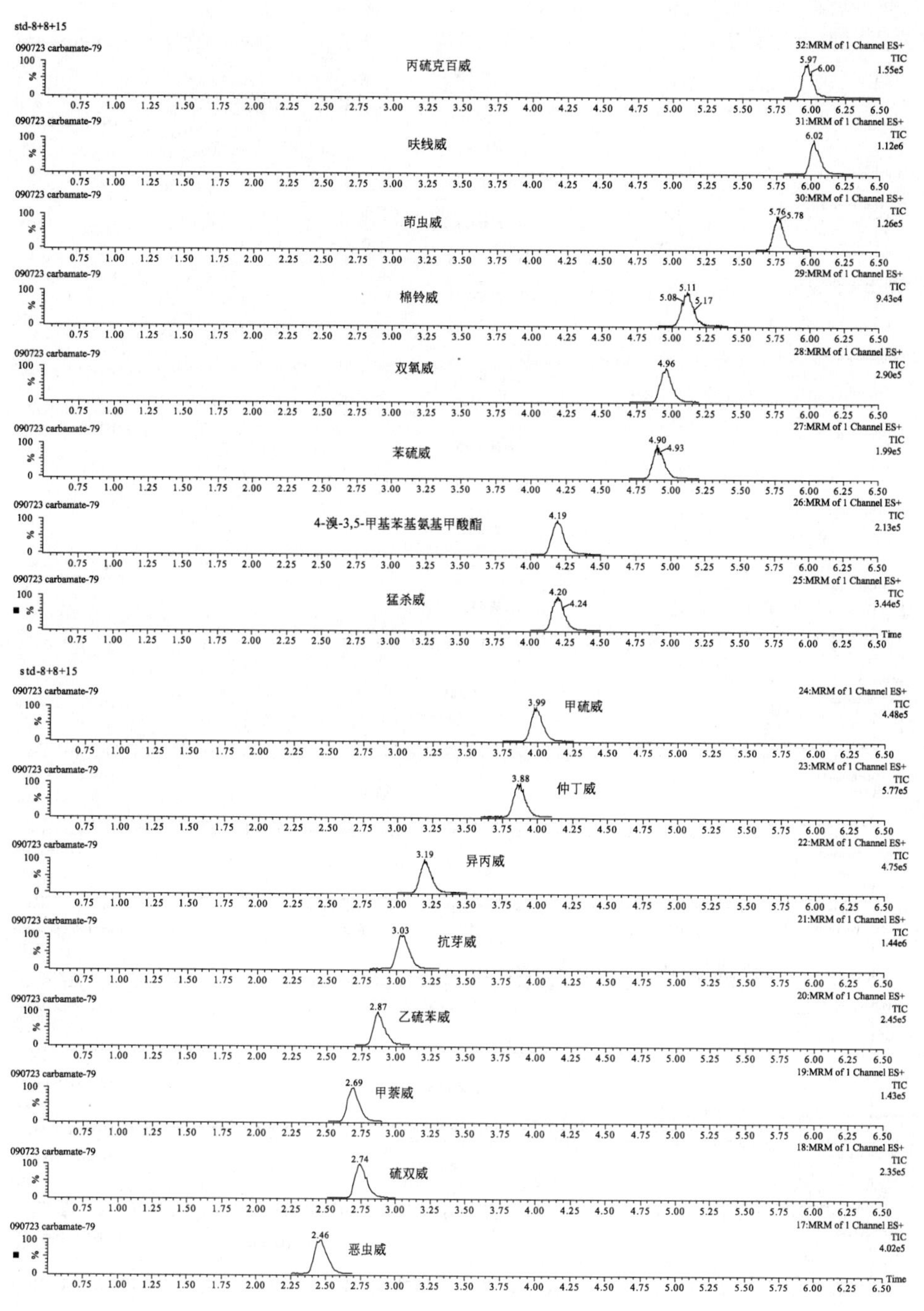

std-8+8+15
090723 carbamate-79
丙硫克百威
32:MRM of 1 Channel ES+
TIC
1.55e5
呋线威
31:MRM of 1 Channel ES+
1.12e6
茚虫威
30:MRM of 1 Channel ES+
1.26e5
棉铃威
29:MRM of 1 Channel ES+
9.43e4
双氧威
28:MRM of 1 Channel ES+
2.90e5
苯硫威
27:MRM of 1 Channel ES+
1.99e5
4-溴-3,5-甲基苯基氨基甲酸酯
26:MRM of 1 Channel ES+
2.13e5
猛杀威
25:MRM of 1 Channel ES+
3.44e5
甲硫威
24:MRM of 1 Channel ES+
4.48e5
仲丁威
23:MRM of 1 Channel ES+
5.77e5
异丙威
22:MRM of 1 Channel ES+
4.75e5
抗芽威
21:MRM of 1 Channel ES+
1.44e6
乙硫苯威
20:MRM of 1 Channel ES+
2.45e5
甲萘威
19:MRM of 1 Channel ES+
1.43e5
硫双威
18:MRM of 1 Channel ES+
2.35e5
恶虫威
17:MRM of 1 Channel ES+
4.02e5
Time

图 9-1

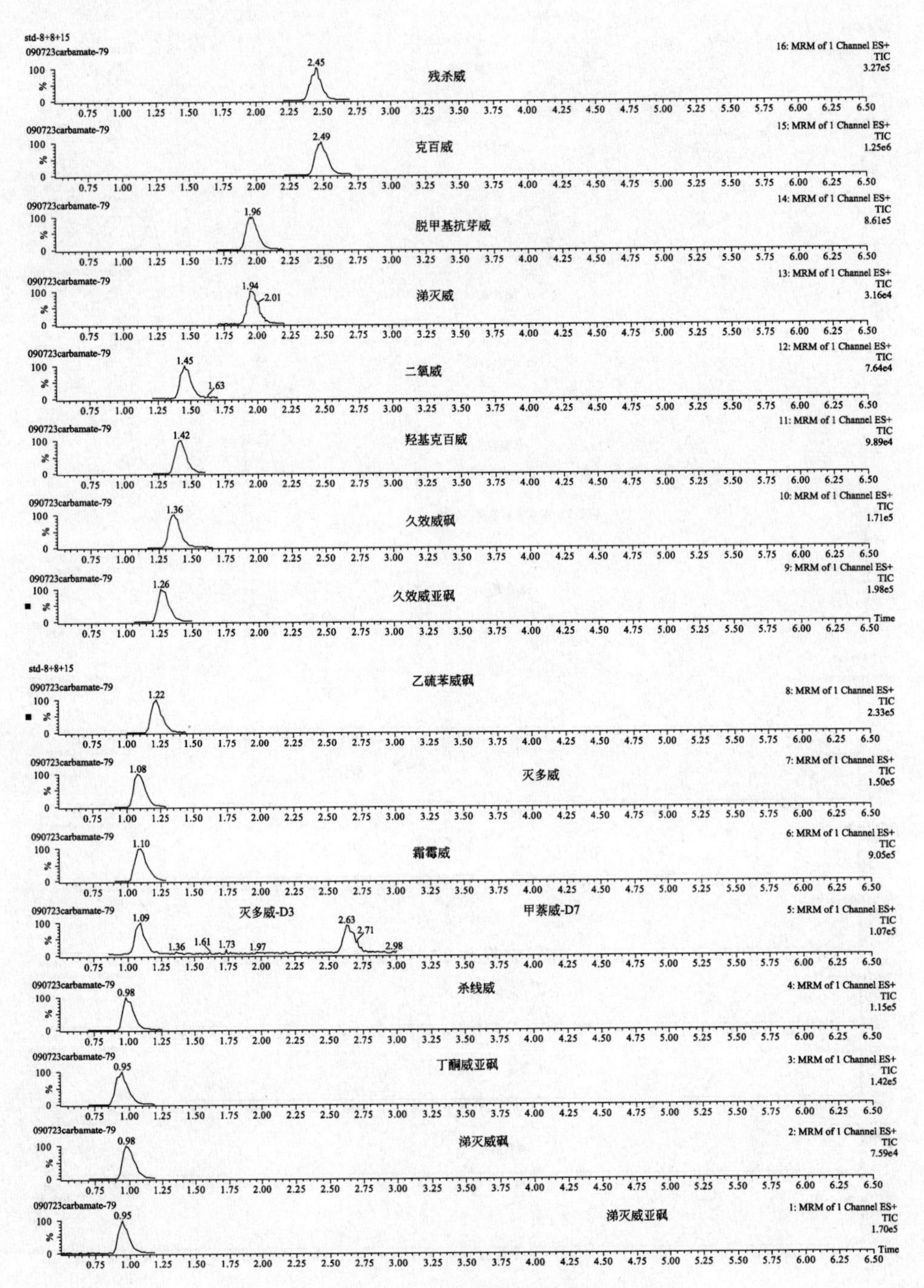

图 9-1　氨基甲酸酯农药总离子流图

表 9-2　方法性能

物质	柱式 SPE 回收率(n=3)/%	检测限/(ng/L)
灭多威	101.4±9.4	0.4
涕灭威亚砜	49.1±16.7	2.0
涕灭威砜	56.8±20.3	0.4
杀线威	45.6±40.0	0.4
抗芽威	116.1±7.9	0.2
克百威	117.4±10.2	0.2
残杀威	83.2±25.6	0.2
甲萘威	95.2±22.8	0.4
羟基克百威	158.3±23.4	2.0
涕灭威	122.0±11.8	2.0
二氧威	135.1±20.2	2.0
恶虫威	115.4±15.7	0.2
猛杀威	111.7±14.5	0.2
仲丁威	125.0±14.9	0.4
甲硫威	74.8±51.7	0.4
霜霉威	124.2±7.3	0.2
脱甲基抗芽威	105.7±7.4	0.2
硫双威	99.6±33.9	0.2
棉铃威	120.9±12.7	0.4
双氧威	124.3±13.6	0.4
苯硫威	118.8±5.3	0.4
茚虫威	41.3±17.2	1.0
丙硫克百威	109.4±5.9	0.4
丁酮威亚砜	92.7±12.1	0.4
久效威亚砜	64.8±6.9	0.4
乙硫苯威砜	26.0±59.2	0.4
久效威砜	24.1±15.0	0.4

续表

物质	柱式 SPE 回收率(n=3)/%	检测限/(ng/L)
异丙威	118.3±3.0	0.4
乙硫苯威	81.7±15.0	0.2
4-溴-3,5-甲基苯基氨基甲酸酯	90.7±15.1	0.4
呋线威	90.1±8.1	0.2

第10章

丙烯酰胺的分析

10.1 适用范围

本方法规定了高效液相色谱/质谱法测定水中丙烯酰胺的条件和分析步骤，适用于饮用水和地表水中丙烯酰胺的测定。检测限为 $4.0\times10^{-3}\mu g/L$。

10.2 方法原理

根据丙烯酰胺在单极质谱中产生的母离子、在串联质谱中同时产生的母离子和碎片离子进行定性分析。将样品经前处理后，单极质谱采用选择离子方式进行定量分析，串联质谱采用多反应监测（MRM）方式进行定量分析。

10.3 仪器

（1）高效液相色谱/质谱仪　配置单极质谱、串联质谱、时间飞行质谱等，本方法制定中使用色谱柱为 T3 反向色谱柱（2.1mm×50mm，1.7μm），只要满足分析要求，可使用其他种类色谱柱。

（2）固相萃取装置　全自动或简易型柱式萃取仪。活性炭小柱，本方法开发使用 AC-2 活性炭成品小柱，只要满足分析要求，可使用其他型号。

（3）氮吹仪。

10.4 试剂

（1）乙腈（色谱级）。

（2）甲醇（色谱级）。

（3）甲酸（色谱级）。

（4）标准品　为有证标准。

（5）超纯水。

10.5 分析步骤

10.5.1 前处理

（1）富集净化

① 分别用 10mL 甲醇和 10mL 水活化固相萃取小柱；

② 上样 500mL 水样，上样速度为 2.0mL/min；

③ 用 10mL 水淋洗小柱；

④ 2 次用 5mL 甲醇溶液洗脱，合并洗脱液。

（2）浓缩　用氮吹仪吹至近干，用流动相定容至一定体积，此溶液用于仪器测定。

10.5.2 仪器条件

以下描述为方法开发时使用的仪器条件，只要满足分析要求，各实验室可以根据需要适当调整。

（1）液相部分　流量 0.25mL/min，0.2%甲酸水溶液 90%，乙腈 10%，柱温 45℃。进样量为 10μL。

（2）质谱部分　采用 ESI^+，3.0kV，源温为 110℃。脱溶剂气为 400L/h，锥孔气为 50L/h，温度为 350℃。停留时间为 1.0s，锥孔电压为 25eV，CID10eV，母离子/子离子为 72/55。

丙烯酰胺总离子流图见图 10-1。

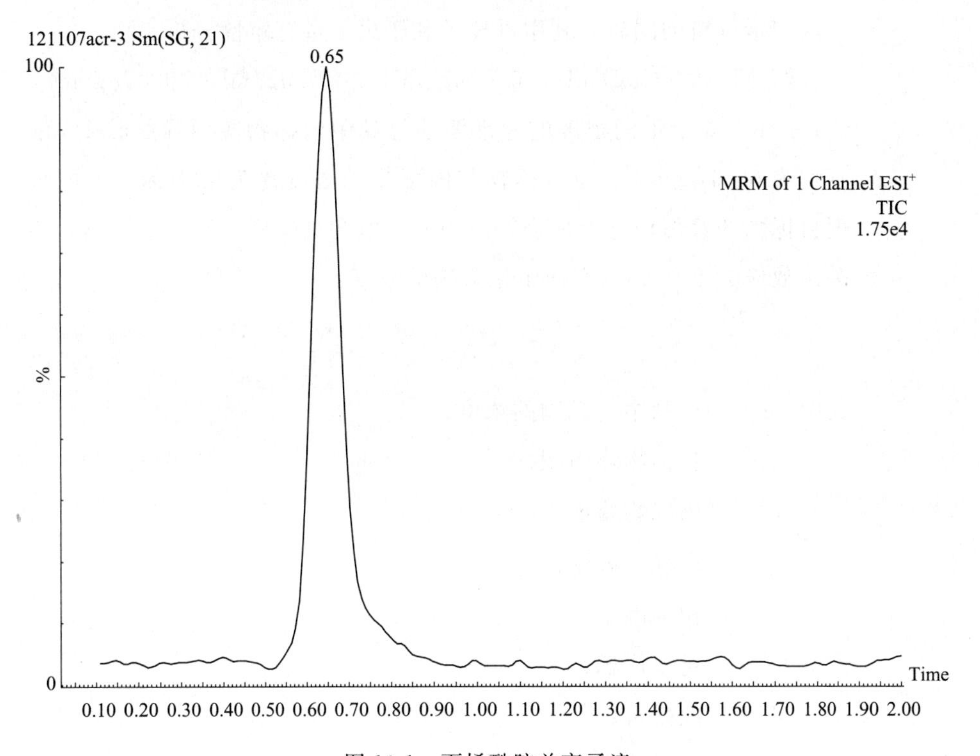

图 10-1　丙烯酰胺总离子流

10.5.3　定量分析

（1）标准溶液　浓度为 1000μg/mL，购自国内外有证标准生产厂家，－20℃保存。

（2）标准系列溶液　用流动相配制 5 个标准系列溶液（临时配制）。

（3）定量分析　本方法制定采用串联质谱仪、MRM 定量方式。MRM 方式是串联四极杆质谱常用的定量方式，其利用第一个四极杆选定目标分子离子（母离子），进而使该离子断裂产生二级碎片，利用第二个四极杆选定目标物的特征子离子，用特征子离子的响应进行定量分析。仅母离子相同，而特征子离子不同的物质不会干扰目标物测定，这也是单个四极杆质谱无法克服的局限。因此，MRM 方式在完成定量分析的同时，利用母离子和子离子进行定性分析。

配制 0.005μg/mL、0.01μg/mL、0.02μg/mL、0.05μg/mL、0.1μg/mL 5 个不同浓度的标准溶液，其中内标物质丙烯酰胺-D3 浓度均为 0.01μg/mL，以目标物与内标物的浓度比为横坐标，不同浓度目标物的峰面积与内标物峰面积的比值为纵坐标，作线性回归，相关系数应大于 0.99。水样中化合物的浓度：

$$c=\frac{A_{x}c_{is}}{A_{is}RF}\times V_{2}\times\frac{D}{V_{1}}$$

式中　c——样品中目标物的浓度；

A_x——目标物峰面积；

A_{is}——内标物峰面积；

c_{is}——内标物浓度；

RF——校准因子；

V_2——定容体积；

V_1——取样量；

D——稀释倍数。

10.5.4　定性分析

定性分析方法有：①比较样品与标样保留时间，确定保留时间一致的目标物；②用选择离子方式确定待测物的质/荷是否与标样一致；③改变不同的锥孔电压使目标离子短裂产生碎片，比较样品和标准品的离子断裂碎片，进一步对目标物进行定性分析；④利用二级质谱研

究选定的分子离子峰的二级碎片，与标准品对照。

如果使用单个四极杆质谱，上述第④步则无法进行；如果使用离子阱质谱，则可进行二级以上的子离子研究。

10.5.5　性能指标

（1）检测限　按照10倍信噪比计算定量限，3倍信噪比计算检测限，结合前处理过程（浓缩250倍），该方法分析地表水中丙烯酰胺定量限为$4.0\times10^{-3}\mu g/L$，检测限为$2.0\times10^{-3}\mu g/L$，远低于标准限值，如仅满足实际工作需求，可适当降低浓缩倍数。

（2）准确度　取5个地表水样，原水样目标物浓度小于定量限，加标后浓度为20μg/L，通过固相萃取、氮吹仪浓缩后用仪器分析，丙烯酰胺的回收率为102.6%±11.0%。

（3）线性范围　配制1.0～200μg/L之间配制5个工作曲线系列，得到工作曲线为：

$$A=19500c+34.844(R^2=0.9986)$$

第11章

苦味酸的分析

11.1 液相色谱/质谱法

11.1.1 适用范围

本方法规定了高效液相色谱/质谱法测定水中苦味酸的条件和分析步骤，适用于饮用水和地表水中苦味酸的测定。检测限为 5.0μg/L。

11.1.2 方法原理

根据苦味酸在串联质谱中同时产生的母离子和碎片离子进行定性分析。不需要样品前处理，直接进样液相色谱/串联质谱，采用多反应监测（MRM）方式进行定量分析。

11.1.3 仪器

高效液相色谱/串联质谱，本方法制定中使用色谱柱为 T3 反向色谱柱（2.1mm×50mm，1.7μm），只要满足分析要求，可使用其他种类色谱柱。

11.1.4 试剂

（1）乙腈　色谱级；

（2）甲酸　色谱级；

（3）苦味酸标准品　有证标准或分析纯配制；

（4）超纯水。

11.1.5 分析步骤

11.1.5.1 仪器分析

以下描述为方法开发时使用的仪器条件，只要满足分析要求，各实验室可以根据需要适当调整。

（1）液相部分　色谱柱：Waters T3 色谱柱（2.1mm×50mm，1.7μm）。流动相：乙腈/水溶液（0.2% 甲酸）= 1/1，流量为 0.25mL/min；柱温为 45℃。

（2）质谱部分　采用 ESI^-，毛细管电压为 3.0kV，源温为 110℃，脱溶剂气温度为 350℃，流量为 400L/h，锥孔气为 50L/h；采用串联质谱多反应监测方式（MRM）定量分析时氩气为 0.38mL/min；定量离子对 227.9＞182。锥孔电压为 22V，碰撞气能量为 20eV。

苦味酸总离子流见图 11-1。

11.1.5.2 定量分析

（1）标准储备液　920μg/mL，－20℃保存。

（2）标准系列溶液　用流动相配制，浓度为 9.2ng/mL、23ng/mL、46ng/mL、69ng/mL、92ng/mL。

（3）定量分析　本方法制定采用串联质谱仪、MRM 定量方式。MRM 方式是串联四极杆质谱常用的定量方式，其利用第一个四极杆选定目标分子离子（母离子），进而使该离子断裂产生二级碎片，利用第二个四极杆选定目标物的特征子离子，用特征子离子的响应进行定量分析。仅母离子相同，而特征子离子不同的物质不会干扰目标物测定，这也是单个四极杆质谱无法克服的局限。因此，MRM 方式在

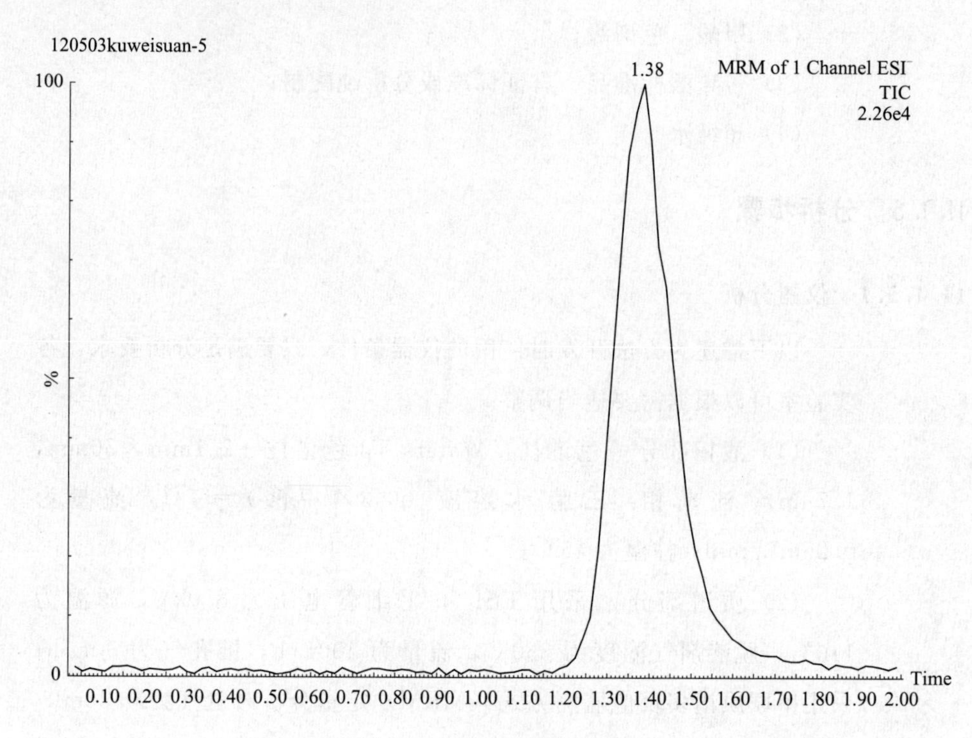

图 11-1　苦味酸总离子流

完成定量分析的同时，利用母离子和子离子进行定性分析。

采用外标法定量，配置至少 5 个浓度水平的标准系列，将峰面积和浓度做线性回归，相关系数应达到 0.99。

以组分的色谱峰高或峰面积计算其质量浓度，按下式计算：

$$c=\frac{A-A_0}{A_s}\times c_s\times\frac{V_1}{V_2}$$

式中　c——水样中被测组分的质量浓度，μg/L；

c_s——标准样品的质量浓度，μg/L；

V_1——萃取液定容体积，mL；

V_2——水样取样体积，mL；

A、A_0、A_s——被测样品、空白样品、标准样品的响应值。

11.1.5.3　定性分析

定性分析方法有：①比较样品与标样保留时间，确定保留时间一

致的目标物；②用选择离子方式确定待测物的质/荷是否与标样一致；③改变不同的锥孔电压使目标离子短裂产生碎片，比较样品和标准品的离子断裂碎片，进一步对目标物进行定性分析；④利用二级质谱研究选定的分子离子峰的二级碎片，与标准品对照。

11.2 气相色谱法

11.2.1 适用范围

本法适用于生活饮用水及其水源水中苦味酸含量的测定。

本法最低检测质量为 0.02ng，若取 10mL 水样，则最低检测质量浓度为 1μg/L，次氯酸钠中的杂质对物质定性存在影响，应选择分析纯以上的次氯酸钠溶液。

11.2.2 方法原理

水中苦味酸与次氯酸钠在室温下反应 30min，生成氯化苦（NO_3CCl_3）以甲苯萃取，用带有电子捕获检测器的气相色谱仪测定，以保留时间定性，采用峰面积和外标法定量。

11.2.3 仪器

（1）气相色谱仪　带电子捕获检测器。

（2）色谱柱　HP-5 30.0m×320μm×0.25μm 或类似石英毛细管色谱柱。

（3）恒温水浴。

（4）具塞比色管（25mL）。

11.2.4 试剂

（1）载气　高纯氮（99.999%）。

（2）苦味酸标准　可直接购买有证标准溶液，也可用色谱标准物质制备（称重法），溶剂为甲苯。

（3）甲苯　农残级。

（4）次氯酸钠　有效氯 8.5%～9.5%，分析纯。

11.2.5　分析步骤

11.2.5.1　前处理

吸取 10.0mL 水样放于 25mL 具塞比色管中，加入次氯酸钠溶液 2mL，振荡摇匀，在室温下反应 30min，加 1mL 甲苯萃取 3min，静置分层，取甲苯层待测。

11.2.5.2　仪器条件

柱箱温度：柱温 50℃，3℃/min 程序升温至 80℃，保持 1min，载气流速 1.6mL/min。

进样口：温度 180℃，无分流进样。

检测器温度：ECD，310℃。

11.2.5.3　定量分析

（1）标准溶液配制

于 5 个 10mL 容量瓶分别加入苦味酸标准使用溶液，用蒸馏水稀释至刻度，使其浓度分别为 1.0μg/L、2.0μg/L、5.0μg/L、10μg/L、20μg/L、50μg/L。然后将其转移至 25mL 的具塞比色管中，各加入 2.0mL 的次氯酸钠溶液，振荡摇匀，在室温下反应 30min；再加 1.0mL 甲苯萃取 5min，静置分层，移取上层甲苯溶液供测定。

（2）标准曲线的绘制

准确吸取上述标准系列溶液 1.0μL 注入气相色谱仪，启动仪器分析。记录组分的保留时间和响应值，以浓度为横坐标对应的峰高或峰面积为纵坐标，绘制标准曲线。标准色谱见图 11-2。

（3）样品分析

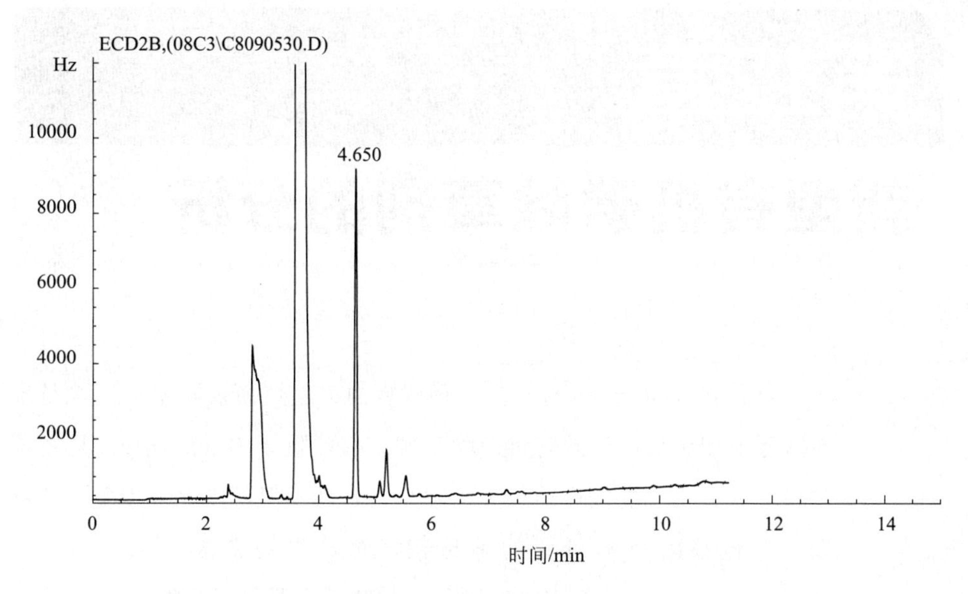

图 11-2　苦味酸标准色谱图

在上述相同的气相色谱条件下，用洁净注射器抽取 1.0μL 迅速注入色谱仪分析。

（4）定量分析

以组分的色谱峰高或峰面积计算其质量浓度，按下式计算：

$$c=\frac{A-A_0}{A_s}\times c_s\times\frac{V_1}{V_2}$$

式中　c——水样中被测组分的质量浓度，μg/L；

c_s——标准样品的质量浓度，μg/L；

V_1——萃取液定容体积，mL；

V_2——水样取样体积，mL；

A、A_0、A_s——被测样品、空白样品、标准样品的响应值。

11.2.5.4　定性分析

将样品色谱图与标准谱图对照以保留时间定性。

第12章 新型有机磷除草剂的分析

草甘膦（Glyphosate）是一种优良的灭生性高效除草剂，也是现在国际上使用最广泛的有机磷除草剂。草铵膦（Glufosinate）是继草甘膦之后又一性能优良的灭生性除草剂，其不但可以灭生除草，还可以作为转基因技术研究的筛选剂。而氨甲基膦酸（Aminomethylphosphonic acid，AMPA）则是草甘膦的主要代谢产物。

草甘膦和草铵膦等新型有机磷除草剂，具有低毒、安全、环境友好等特性，因此被广泛用于农业、林业和园艺等领域。尽管这些新型的有机磷除草剂属非持久性农药，但其大量使用必然会对环境产生负面影响，对人、畜构成威胁，在某些环境条件下也会有较长的残存期并在动物体内产生蓄积作用。而除草剂积累对水体的污染，尤其是对饮用水以及饮用水源的污染将会对人体健康产生重大威胁。我国2007年开始实行的新的《生活饮用水卫生标准》中增加了水质中草甘膦的含量指标，其限值为0.7mg/L。

12.1 适用范围

本方法规定了高效液相色谱-柱后衍生/荧光法测定水中有机磷除草剂的条件和分析步骤，适用于饮用水、地表水及废水中有机磷除草剂的测定。检出限为1.0μg/L。

12.2 方法原理

氯甲酸-9-芴基甲酯与水样中草甘膦、草铵膦、草甘磷酸发生衍生反应，生成物能被激发产生荧光，采用液相色谱荧光法进行分析，由保留时间进行定性分析，由色谱峰进行定量分析。

12.3 仪器

高效液相色谱仪：配置荧光检测器，色谱柱为 Atlantis 反向色谱柱（4.6mm×250mm，5μm），只要能达到分离效果，可使用其他类型色谱柱。

12.4 试剂

（1）乙腈（色谱级）。
（2）硼酸钠（分析纯）。
（3）氯甲酸-9-芴基甲酯（FMOC）（分析纯）。
（4）乙酸乙酯（分析级）。
（5）磷酸（分析级）。
（6）超纯水。
（7）草甘膦、草铵膦、草甘磷酸　必须为有证标准。

12.5 分析步骤

12.5.1 前处理

取 1.5mL 水样，加入 0.5mL 0.05mol/L 硼酸钠溶液，加入

0.5mL 1.0mg/mL FMOC 溶液进行衍生反应，反应 2h，加入 5mL 乙酸乙酯萃取，静止后取水相进样。

12.5.2 仪器条件

柱温 40℃；流动相为乙腈和 0.02mol/L 的磷酸水溶液，流量为 1.0mL/min，乙腈在 30min 内从 20%变至 100%；荧光检测器激发波长为 254nm，发射波长为 315nm。

12.5.3 定量分析

(1) 标准储备液　浓度为 1000μg/mL，−20℃保存。

(2) 标准系列溶液　配制 5 个不同浓度的标准系列溶液，与样品经过相同的前处理，以浓度为横坐标，峰面积为纵坐标作线性回归，相关系数应达到 0.99。得到工作曲线为 $Y=Ac+B$。

① 工作曲线法。水中目标物浓度计算公式为：

$$c=(Y-B)/A$$

式中　c——水样中目标物浓度；

Y——样品峰面积；

B——工作曲线截距。

② 单点法。水中目标物浓度计算公式为：

$$c=A_i \times c_s/A_s$$

式中　A_i——样品峰面积；

A_s——标样峰面积；

c_s——标样浓度。

12.5.4 定性分析

利用保留时间进行定性分析，如使用二极管阵列检测器，可同时使用紫外吸收谱图进行定性分析。

12.5.5　方法性能

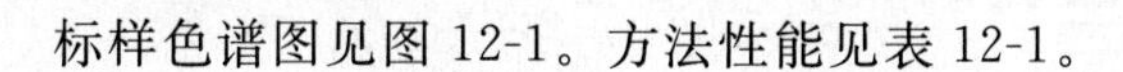

标样色谱图见图 12-1。方法性能见表 12-1。

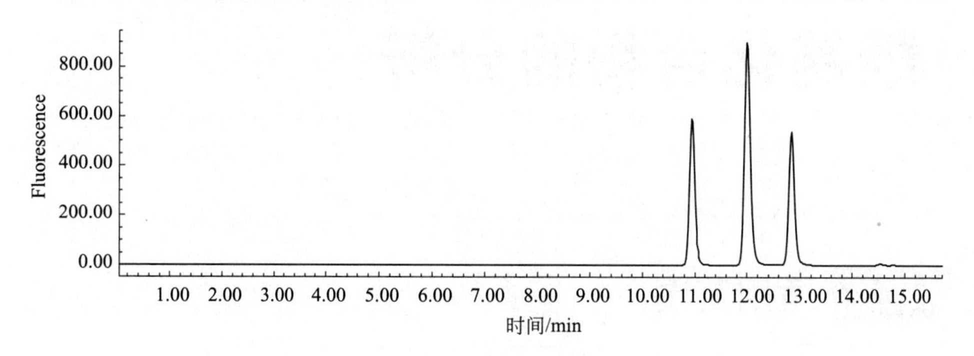

图 12-1　标样色谱图

表 12-1　方法性能

物质	回收率(n=6)/%	检出限 w/(μg/L)
草甘膦	94.2±4.8	0.3
草铵膦	90.8±0.68	0.2
氨甲基膦酸	98.6±2.8	0.1

第13章 羰基化合物的分析

13.1 适用范围

本方法规定了高效液相色谱-紫外测定水中羰基化合物的条件和分析步骤，适用于饮用水、地表水中甲醛、乙醛的测定，检出限为1.0μg/L。

13.2 方法原理

羰基化合物在酸性条件下与2,4-二硝基苯肼衍生生成苯腙类物质，用固相萃取对其进行富集净化，乙腈洗脱后进样液相色谱分析，特征吸收波长为360nm。由保留时间进行定性分析，由色谱峰进行定量分析。

13.3 仪器

(1) 高效液相色谱仪　配置紫外检测器或二极管阵列检测器，色谱柱为C18反向色谱柱（4.6mm×250mm，5μm），只要能达到分离效果，可使用其他类型色谱柱。

(2) 固相萃取装置　全自动或简易型，柱式或膜式。本方法开发时分别使用全自动柱式，配备C18固相萃取小柱（500mg/6mL）。只要满足分析要求，可使用其他型号。

（3）氮吹仪。

13.4 试剂

（1）乙腈（色谱级）。

（2）2,4-二硝基苯肼（DNPH）衍生液（3.0g/L） 称取428.7mg DNPH（含量为70%）溶于100mL乙醇，适当加热及超声可有助于溶解，如果溶液有不溶物，可过滤一下。

（3）柠檬酸（分析纯）。

（4）柠檬酸钠（分析纯）。

（5）氢氧化钠（分析纯）。

（6）氯化钠（分析纯）。

（7）氯化铵（分析纯）。

（8）乙醇（分析纯）。

（9）氯化氢（分析纯）。

（10）冰醋酸（分析纯）。

（11）pH值为3的缓冲溶液（1mol/L） 将80mL 1mol/L的柠檬酸溶液和20mL 1mol/L的柠檬酸钠溶液混合均匀，用时用6mol/L氢氧化钠或6mol/L氯化氢调节pH值为3。

（12）超纯水。

（13）直接购买羰基化合物的腙类衍生物的有证标准。

13.5 分析步骤

13.5.1 前处理

（1）衍生 移取100mL水样，加入4mL柠檬酸钠缓冲溶液，用

6mol/L 盐酸或 6mol/L 氢氧化钠调节 pH 值为 3±0.1，加入 6mL DNPH 衍生液，密封后在 40℃水浴中反应 1h，适当摇晃使之充分反应，然后进入萃取过程。

（2）萃取

① 用 10mL 稀释过的柠檬酸钠缓冲溶液活化萃取小柱（10mL 1mol/L 柠檬酸钠缓冲溶液用超纯水稀释至 250mL）；

② 向衍生好的溶液里加入 10mL 饱和氯化钠溶液，该溶液以 3～5mL/min 的流速上样到 C18 萃取小柱；

③ 9mL 乙醇（乙腈也可以）洗脱。

（3）定容　用氮吹仪将样品浓缩定容至一定体积，过滤后进样液相色谱测定。

13.5.2 仪器条件

柱温 40℃；流动相为甲醇/水体系，保持甲醇：水＝70：30 20min，在随后的 15min 内，甲醇比例升至 100%，继续保持 100% 甲醇 10min。流量为 1.5mL/min，特征波长为 360nm。只要满足分析要求，具体色谱条件各实验室可以适当修改。

13.5.3 定量分析

（1）标准储备液　直接购买目标物的苯腙衍生物标准，−20℃保存。

（2）标准系列溶液　配制 5 个不同浓度的标准系列溶液，以浓度为横坐标，峰面积为纵坐标作线性回归，相关系数应达到 0.99，得到工作曲线为 $Y=Ac+B$。

① 工作曲线法。水中目标物浓度计算公式为：

$$c=\frac{(Y-B)\times V_2\times M_1}{A\times V_1\times M_2}$$

式中　c——水样中目标物浓度；

Y——样品峰面积；

B——工作曲线截距；

V_2——定容体积；

V_1——取样量；

M_1——目标污染物相对分子质量；

M_2——目标污染衍生物相对分子质量。

② 单点法。水中目标物浓度计算公式为：

$$c=\frac{A_i \times c_s \times V_2 \times M_1}{A_s \times V_1 \times M_2}$$

式中 A_i——样品峰面积；

A_s——标样峰面积；

c_s——标样浓度；

V_2——定容体积；

V_1——取样量；

M_1——目标污染物相对分子质量；

M_2——目标污染衍生物相对分子质量。

13.5.4 定性分析

利用保留时间进行定性分析，如使用二极管阵列检测器，可同时使用紫外吸收谱图进行定性分析。标样色谱图见图 13-1。

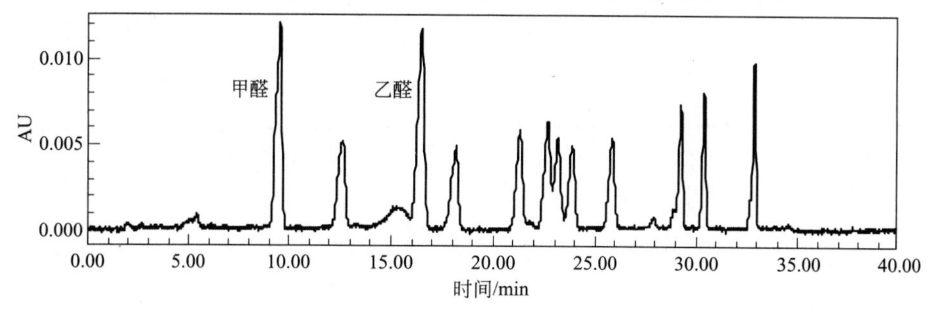

图 13-1 标样色谱图

13.5.5 方法性能

标样色谱图见图 13-1。取 100mL 水样，加入 5μg 目标污染物，加入 4mL 柠檬酸钠缓冲液，加入 6mL DNPH 衍生液，40℃水浴反应 1h，固相萃取，氮吹浓缩定容至 5mL，同时做 5 个加标实验回收率见表 13-1。

表 13-1 回收率数据

物质	回收率(n=5)/%
甲醛	67.9±17.9
乙醛	98.3±2.6

第14章 丙烯腈和乙腈的分析

14.1 适用范围

本法适用于生活饮用水及其水源水中乙腈和丙烯腈的测定。

本法最低检测质量为：乙腈 0.05ng，丙烯腈 0.05ng。若进样 2μL，则最低检测质量浓度：乙腈为 0.025mg/L，丙烯腈为 0.025mg/L。

在选定的色谱条件下，其他有机物不干扰。

14.2 方法原理

水中乙腈和丙烯腈可以直接用装有聚乙二醇-20M 和双甘油的色谱柱分离，用带有氢火焰离子化检测器的气相色谱仪测定，出峰顺序为丙烯腈、乙腈。

14.3 仪器

（1）气相色谱仪　带氢火焰离子化检测器。

（2）色谱柱　HP-INNOWAX 30m×0.32mm×0.25μm，或其他

相应的色谱柱。

14.4 试剂

(1) 去离子水。

(2) 乙腈(色谱纯)。

(3) 丙烯腈(色谱纯)。

14.5 分析步骤

14.5.1 前处理

洁净的水样直接进行气相色谱测定，浑浊的水样需过滤后测定。

14.5.2 仪器条件

柱温：80℃，以7℃/min程序升温至120℃，柱流速1.6mL/min。

检测器FID：260℃。

14.5.3 定量分析

(1) 标准溶液的配制　乙腈标准储备溶液的制备：取25mL容量瓶一个，加蒸馏水数毫升，准确称量，滴加2～3滴乙腈，再称量。增加的质量即为乙腈的质量，加蒸馏水稀释至刻度，计算每毫升溶液中乙腈的含量，丙烯腈标准储备溶液的制备法同乙腈。

(2) 混合标准使用溶液的制备　分别取乙腈、丙烯腈标准储备溶液，用纯水稀释成为100μg/mL。

(3) 标准曲线的绘制　取6个10mL容量瓶，将乙腈和丙烯腈的

标准溶液稀释，配制成乙腈和丙烯腈的质量浓度为：0mg/L，2.0mg/L，5.0mg/L，10.0mg/L，20.0mg/L 和 30.0mg/L。各取 1μL 注入色谱仪，以峰面积为纵坐标，浓度为横坐标，绘制标准曲线。

通过色谱峰高或峰面积，按下式计算水样中乙腈、丙烯腈的浓度：

$$c=\frac{A-A_0}{A_s}\times c_s$$

式中 c——水样中的乙腈、丙烯腈的浓度，mg/L；

c_s——相当于标准的乙腈、丙烯腈的浓度，mg/L；

A、A_0、A_s——被测样品、空白样品、标准样品中组分的响应值。

乙腈和丙烯腈的标样色谱图见图 14-1。

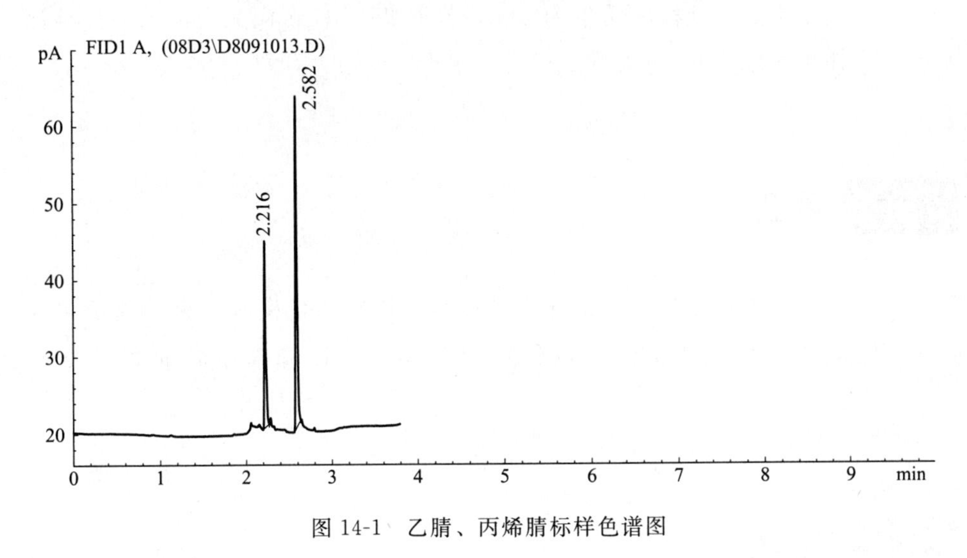

图 14-1 乙腈、丙烯腈标样色谱图

14.5.4 定性分析

各组分与标准谱图相对照以保留时间定性。

第15章
松节油的分析

15.1 适用范围

本法适用于生活饮用水及其水源水中松节油的测定。

本法最低检测质量为2ng，若取250mL水样测定，则最低检测质量浓度为0.02mg/L。

15.2 原理

水中松节油经二硫化碳萃取后，用气相色谱法氢火焰离子化检测器进行色谱分析，以保留时间定性，以峰高或峰面积外标法定量。

15.3 仪器

(1) 气相色谱仪　配备氢火焰离子化检测器。

(2) 色谱柱　2m×3mm 2.5%有机皂土-34+2.5%邻苯二甲酸二壬酯；同等规格色谱填充柱。

(3) 微量注射器 (10μL)。

（4）分液漏斗（500mL）。

15.4 试剂和材料

（1）载气和辅助气体 载气为高纯氮（99.999%），辅助气体为氢气、空气。

（2）二硫化碳 分析纯，使用前已纯化。

（3）氯化钠（分析纯）。

（4）无水硫酸钠 优级纯，经400℃灼烧4h，储存于密闭容器中。

（5）松节油 分析纯或有证标准。

15.5 分析步骤

15.5.1 前处理

水样预处理：取200mL水样于500mL分液漏斗中，加入10g氯化钠混匀，用5.00mL二硫化碳萃取，充分振摇5min，静置分层，收集有机相，按此法再用5.00mL二硫化碳萃取一次，合并两次萃取液，经无水硫酸钠脱水后，收集于10mL试管中，供分析用。

15.5.2 仪器条件

气化室温度：120℃。

柱温：850℃，恒温8min。

检测器温度：250℃。

载气流量：氮气30.0mL/min。

15.5.3 定量分析

（1）标准溶液配制　取5个500mL分液漏斗加入200mL蒸馏水，分别加入松节油纯品或有证标准溶液，使其按照前述水样预处理方法进行处理后的质量浓度分别为2.0μg/mL、5.0μg/mL、10.0μg/mL、20.0μg/mL和50μg/mL。

（2）标准曲线的绘制　准确吸取上述标准系列溶液1.0μL注入气相色谱仪，启动仪器分析。记录组分的保留时间和响应值，以浓度为横坐标，对应的峰高或峰面积为纵坐标，绘制标准曲线。

（3）样品分析　用洁净注射器于待测样品中抽吸几次，排出气泡，取1.0μL迅速注入色谱仪分析。

（4）定量分析　松节油为挥发性、具有芳香气味的萜烯混合液，在上述色谱条件下，有几个较大的组分峰，本方法以其中峰面积较大的几个组分峰来进行样品的定量计算。

通过色谱峰高或峰面积，按下式计算水样中松节油的浓度：

$$c=\frac{A-A_0}{A_s}\times c_s\times\frac{V_1}{V_2}$$

式中　c——水样中的松节油的浓度，mg/L；

c_s——相当于标准的松节油的浓度，mg/L；

V_1——萃取液定容体积，mL；

V_2——水样体积，mL；

A、A_0、A_s——被测样品、空白样品、标准样品的响应值。

标准溶液色谱图见图15-1。

15.5.4 定性分析

各组分与标准谱图相对照以保留时间定性（松节油有两个主要成分：α-蒎烯、β-蒎烯）。

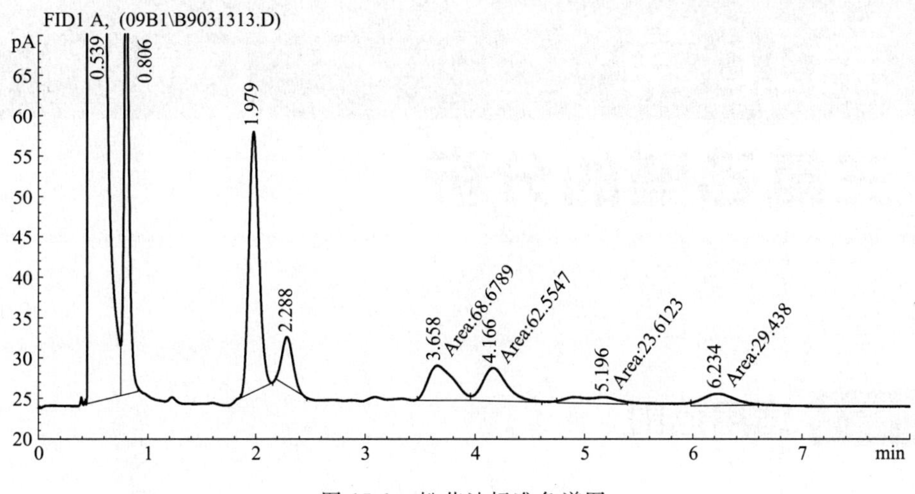

图 15-1　松节油标准色谱图

第16章

三氯乙醛的分析

16.1 适用范围

本法适用于生活饮用水及其水源水中三氯乙醛的测定。

本法最低检测质量浓度为0.002mg/L。

16.2 方法原理

三氯乙醛是生产某些农药、医药和其他有机合成产品的原料，主要存在于农药厂排放的污水中。三氯乙醛溶于水以水合三氯乙醛形式存在，水合三氯乙醛与碱（氢氧化钠）作用生成三氯甲烷：

$$Cl_3CCH(OH)_2 + NaOH = CHCl_3 + HCOONa + H_2O$$

在密闭的顶空瓶内，水样中三氯甲烷从液相逸入液上空间的气相中，一定的温度下，在气、液两相间达到动态平衡，此时三氯甲烷在气相中和在液相中的浓度成正比。取液上气相样品，用顶空-毛细管气相色谱法测定加碱后生成的三氯甲烷，以及不加碱反应的水样中原有的三氯甲烷，根据两者之差便可间接计算出三氯乙醛的浓度。

16.3 仪器和试剂

(1) Agilent 6890 气相色谱仪　配分流/无分流毛细管进样口和氢火焰离子化检测器 (FID)。

(2) 三氯乙醛标准储备溶液　以三氯乙醛或水合三氯乙醛纯品配制。

(3) 氢氧化钠溶液　100g/L。

16.4 分析步骤

16.4.1 前处理

送入实验室后，倒出部分水样至30mL，立即盖好瓶塞；其一为瓶Ⅰ，另一瓶通过注射器针头注入120μL 100g/L 氢氧化钠溶液混匀为瓶Ⅱ，均放入40℃恒温水浴平衡2.5h。然后以50μL微量进样器，分别取瓶Ⅰ及瓶Ⅱ上部气体50μL进样分析。

16.4.2 仪器条件

DB-5石英毛细管色谱柱30m×320μm×0.25μm，柱始温50℃，以3℃/min程序升温至80℃，柱流速1.8mL/min；进样口100℃，分流进样，分流比10∶1，检测器μ-ECD 310℃，尾吹气 N_2 60mL/min。标样色谱图见图16-1。

16.4.3 定量分析

标准储备溶液：准确称取水合三氯乙醛0.1120g，以纯水稀释定容至100mL，得三氯乙醛浓度为1000μg/mL。

用纯水将储备溶液配成浓度为 10～100μg/L 的标准系列水溶液，取 30mL 缓慢注入 VOC 瓶中，立即密封，通过注射针头注入 120μL 氢氧化钠溶液，振荡混匀，放入 40℃恒温水浴平衡 2.5h。

在上述气相色谱条件下，以 50μL 进样器，取 50μL 液上气体进样分析，每个浓度重复测定 2 次。以三氯甲烷组分峰面积均值（A）分别对其浓度（c）绘制标准工作曲线，其线性相关系数 γ 应大于 0.9990。

三氯乙醛采用外标法定量，根据样品色谱图上三氯甲烷组分的峰面积，从各自的校准曲线上直接得到样品的浓度值，或按下式计算：

$$c=\frac{A_i-A_0}{A_s}\times c_s$$

式中 c——水样中三氯乙醛的浓度，mg/L；

A_i——水样中被测组分响应值；

A_0——空白样品中被测组分响应值；

A_s——标准样品中被测组分响应值；

c_s——标准样品中被测组分浓度，mg/L。

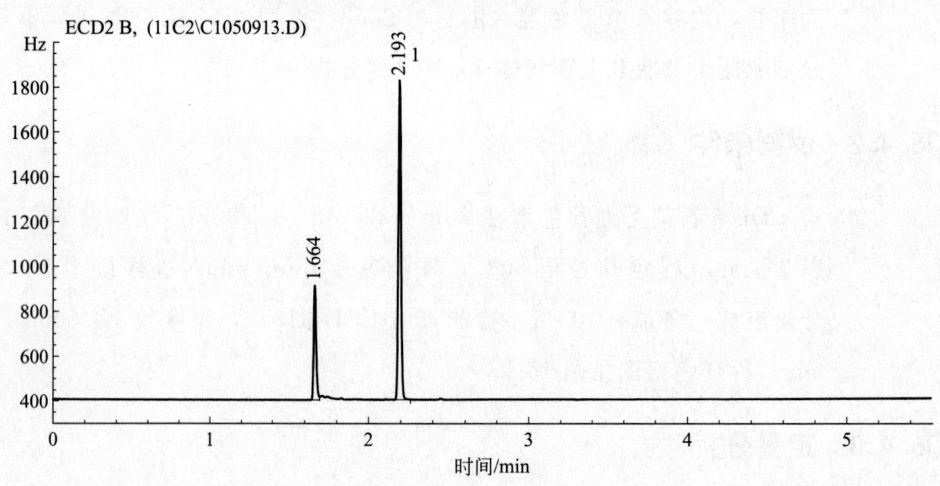

图 16-1 三氯乙醛经预处理后得三氯甲烷气相色谱图（GC-ECD）

1—三氯甲烷 DB-5 石英毛细管色谱柱 30m×320μm×0.25μm

16.4.4　定性分析

三氯乙醛经预处理后所得到组分峰与标准谱图相对照以保留时间定性。

第17章

吡啶的分析

吡啶是含有一个氮杂原子的六元杂环化合物，吡啶及其同系物存在于骨焦油、煤焦油、煤气、页岩油、石油中。工业上吡啶除作溶剂外，还可用作变性剂、助染剂，以及合成一系列产品（包括药品、消毒剂、染料、食品调味料、黏合剂、炸药等）的起始物。

水样中吡啶的测定，可采取顶空-气相色谱法测定，也可直接进样分析。

17.1 顶空-气相色谱法

17.1.1 适用范围

本法适用于生活饮用水及其水源水中吡啶的测定。

本法最低检测质量浓度为 0.02mg/L。

17.1.2 方法原理

在密闭的顶空瓶内，水样中的吡啶在气液两相间分配，在一定的温度下，达到动态平衡。取液上气相样品进气相色谱分析，此时吡啶在气相中的浓度和在液相中的浓度成正比。

本方法最低检出浓度为 0.02mg/L。

17.1.3 仪器和试剂

(1) Agilent 6890 气相色谱仪　配分流/无分流毛细管进样口和

氢火焰离子化检测器（FID）。

（2）样品瓶　40mL 棕色螺口玻璃瓶。

（3）微量进样器　100μL、500μL、1000μL。

（4）吡啶标准储备溶液　以吡啶纯品配制。

17.1.4　分析步骤

（1）前处理　取 20mL 水样于 40mL VOCs 样品瓶中，70℃水浴加热平衡 30min，取 200μL 液上气体进气相色谱分析。

（2）仪器条件　DB-WAX 石英毛细管色谱柱 30m×530μm×0.50μm，柱始温 45℃保持 2min，以 6℃/min 程序升温至 130℃，柱流速 1.6mL/min；进样口 150℃，无分流进样 25mL/min，0.5min 开启；检测器 FID 270℃，尾吹气 N_2 30mL/min，氢气 40mL/min，空气 350mL/min。

（3）定量分析　吡啶标准储备溶液：准确移取吡啶纯品（0.983mg/μL）25μL，以纯水稀释定容至 25mL，浓度分别为 983μg/mL。

以吡啶标准储备溶液，配制成使用浓度为 1～10μg/mL 的标准系列水溶液，在 5 个 40mL VOCs 样品瓶中分别加入 20mL 标准水溶液，于 70℃水浴加热平衡 30min，以微量进样器移取 200μL 液上气体进气相色谱分析，每个浓度重复测定 2 次。以各组分峰面积均值（A）分别对其浓度（c）绘制标准工作曲线，其线性相关系数 γ 应大于 0.9990。

吡啶测定采用外标法定量，根据样品色谱图（图 17-1）上吡啶组分的峰面积，从各自的校准曲线上直接得到样品的浓度值，或按下式计算：

$$c=\frac{A_{\mathrm{i}}-A_0}{A_{\mathrm{s}}}\times c_{\mathrm{s}}$$

式中　c——水样中吡啶的浓度，mg/L；

A_i——水样中被测组分响应值；

A_0——空白样品中被测组分响应值；

A_s——标准样品中被测组分响应值；

c_s——标准样品中被测组分浓度，mg/L。

（4）定性分析　吡啶组分峰与标准谱图相对照以保留时间定性。

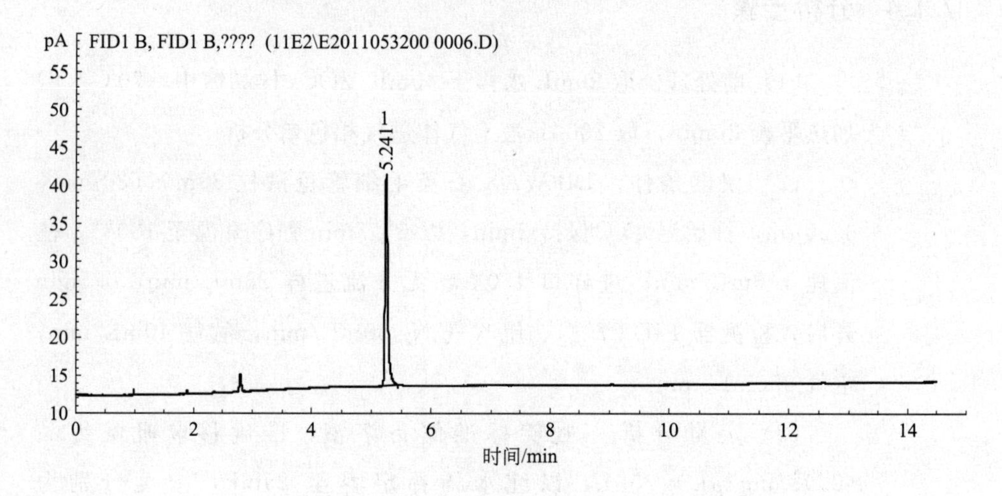

图 17-1　吡啶气相色谱图（HS-GC-FID）

1—吡啶　DB-WAX 石英毛细管色谱柱 30m×530μm×0.50μm

17.2 直接进样-气相色谱法

17.2.1 适用范围

本法适用于生活饮用水及其水源水中吡啶的测定。

本法最低检测质量浓度为 0.05mg/L。

17.2.2 方法原理

水样中吡啶，直接进样进入气相色谱分析，经毛细管色谱柱分离，氢火焰离子化检测器检测，本方法最低检出浓度为 0.05mg/L。

17.2.3　仪器及试剂

（1）Agilent 6890 气相色谱仪　配分流/无分流毛细管进样口和氢火焰离子化检测器（FID）。

（2）吡啶标准储备溶液　以吡啶纯品配制。

17.2.4　分析步骤

（1）仪器条件　HP-INNOWAX 石英毛细管色谱柱 30m×320μm×0.25μm，柱始温 45℃保持 1min，以 6℃/min 程序升温至120℃，载气 N_2 流速 1.6mL/min；进样口 120℃，不分流进样，30mL/min 0.75min 开启；检测器 FID 260℃，尾吹气 N_2 30mL/min，氢气 40mL/min，空气 350mL/min。吡啶气相色谱图见图17-2。

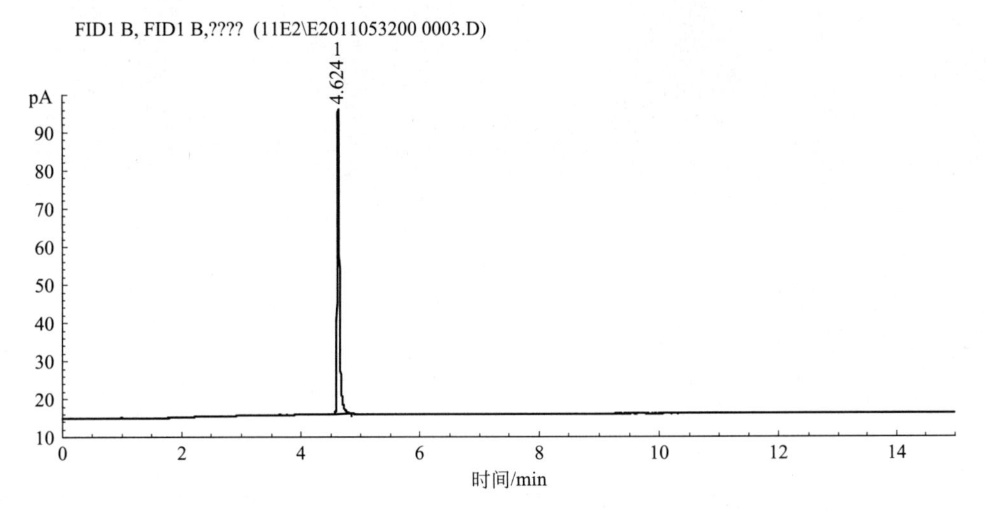

图 17-2　吡啶气相色谱图（GC-FID）

1—吡啶　HP-INNOWAX 石英毛细管色谱柱 30m×320μm×0.25μm

（2）定量分析　以吡啶标准储备溶液，配制成使用浓度分别为5～50μg/mL 的标准系列水溶液，在上述气相色谱条件下取 1μL 进样

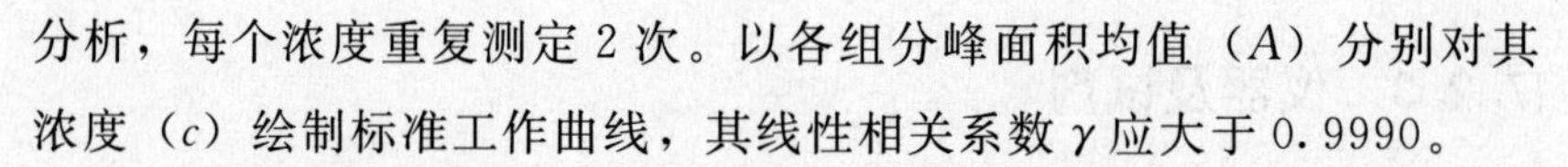
分析，每个浓度重复测定2次。以各组分峰面积均值（A）分别对其浓度（c）绘制标准工作曲线，其线性相关系数γ应大于0.9990。

水样中的吡啶采用外标法定量，根据样品色谱图上吡啶组分的峰面积，从各自的校准曲线上直接得到样品的浓度值，或按下式计算：

$$c=\frac{A_i-A_0}{A_s}\times c_s$$

式中　c——水样中吡啶的浓度，mg/L；

A_i——水样中被测组分响应值；

A_0——空白样品中被测组分响应值；

A_s——标准样品中被测组分响应值；

c_s——标准样品中被测组分浓度，mg/L。

（3）定性分析　吡啶组分峰与标准谱图相对照以保留时间定性。

第18章 百菌清的分析

18.1 适用范围

本方法适用于生活饮用水及其水源水中百菌清的测定。

本法最低检测质量为0.02ng，若取1000mL水样经处理后测定，则最低检测质量浓度为0.005μg/L。

18.2 原理

水中百菌清农药经有机溶剂萃取后，进入色谱柱进行分离，电子捕获检测器检测，以保留时间定性，外标法定量。

18.3 仪器

（1）气相色谱仪　配电子捕获检测器。

（2）色谱柱　DB-5毛细管色谱柱或同等规格色谱柱。

（3）分液漏斗（1000mL）。

（4）旋转浓缩器或氮吹仪。

18.4 试剂

（1）载气　高纯氮（99.999%）。

（2）甲苯（农残级）。

（3）二氯甲烷（农残级）。

（4）无水硫酸钠　经 350℃灼烧 4h，储存于密闭容器中。

（5）标准品　百菌清 $w[C_6(CN)_2Cl_4]=98\%$或有证标准溶液。

18.5 分析步骤

18.5.1 前处理

取 1000mL 水样于分液漏斗中，用 100mL 二氯甲烷，分两次萃取，每次充分振摇 5～10min，静止分层后，二氯甲烷萃取液经无水硫酸钠脱水后，收集于 250mL 平底烧瓶，在 65～75℃的水温下浓缩定容至 5.0mL 供气相色谱测试用。

18.5.2 仪器条件

柱箱温度：柱温 80℃保持 1min，10℃/min 程序升温至 205℃，再以 1℃/min 程序升温至 225℃，最后以 12℃/min 程序升温至 290℃保持 3min，流速 1.6mL/min。

进样口：温度 270℃，无分流进样。

检测器：ECD，温度 310℃。

18.5.3 定量分析

（1）标准溶液配制　以百菌清的有证标准溶液，配置成质量浓度

分别为 5.0μg/L、10.0μg/L、20.0μg/L、50.0μg/L 和 100μg/L 的标准系列使用溶液。

标准样品进样体积与试样进样体积相同。

在工作范围内相对标准差小于10%即可认为仪器处于稳定状态。

标准样品与试样尽可能同时进样分析。每次分析样品时用新标准使用液绘制标准曲线。

（2）标准曲线的绘制　准确吸取上述标准系列溶液 1.0μL 注入气相色谱仪，启动仪器分析。记录组分的保留时间和响应值，以浓度为横坐标对应的峰高或峰面积为纵坐标，绘制标准曲线。标准色谱图见图 18-1。

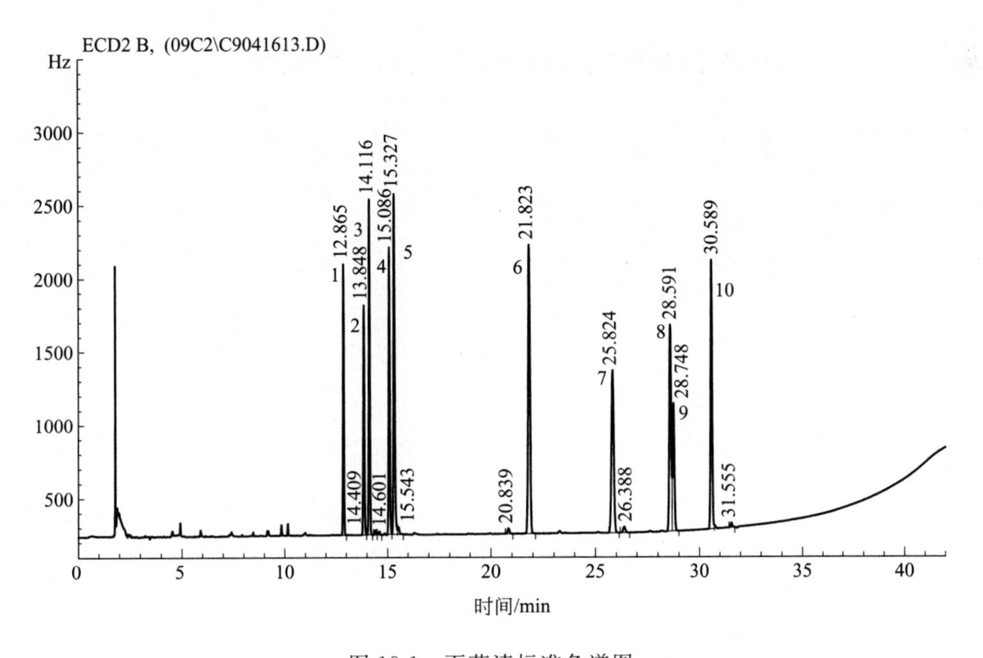

图 18-1　百菌清标准色谱图

1—α-六六六；2—β-六六六；3—γ-六六六；4—δ-六六六；5—百菌清；6—环氧七氯；7—p,p'-DDE；8—p,p'-DDD；9—o,p'-DDT；10—p,p'-DDT

（3）样品分析　用洁净注射器于待测样品中抽吸几次，排出气泡，取 1.0μL 迅速注入色谱仪分析。

（4）定量分析　以组分的色谱峰高或峰面积计算其质量浓度，按下式计算：

$$c=\frac{A-A_0}{A_s}\times c_s\times\frac{V_1}{V_2}$$

式中　c——水样中被测组分的质量浓度，μg/L；

c_s——标准样品的质量浓度，μg/L；

V_1——萃取液定容体积，mL；

V——水样取样体积，mL；

A、A_0、A_s——被测样品、空白样品、标准样品的响应值。

18.5.4　定性分析

将样品色谱图与标准谱图对照以保留时间定性。

第19章 甲基汞的分析

19.1 适用范围

本方法适用于生活饮用水和地面水中甲基汞的测定。当取1000mL水样时，本方法甲基汞检出限为0.050ng/L。

19.2 方法原理

本方法采用巯基棉富集水中的甲基汞，用盐酸氯化钠溶液洗脱，然后用甲苯萃取洗脱液，用带电子捕获检测器的气相色谱仪测定。

样品中含硫有机物（硫醇、硫醚、噻酚等）均可被富集萃取，在分析过程中积存色谱柱内，使色谱柱分离效率下降，干扰甲基汞的测定。定期往色谱柱内注入二氯化汞苯饱和溶液，可以除去这些干扰，恢复色谱柱分析效率。

19.3 仪器

（1）气相色谱仪　带电子捕获检测器。

（2）色谱柱　DB-WAX 30m×530μm×0.50μm 柱或同等规格色

谱柱。

（3）巯基棉管的制备　巯基棉纤维（sulfhydryl cotton fiber，缩写 S. C. F）制备：Nishi 法，见本章附件 A。

巯基棉回收率的测定见本章附件 A。

巯基棉管：在内径 5～8mm，长 100mm，一端拉细的玻璃管（如滴管）中填充 0. 1～0. 2g S. C. F。使用前用 20mL 无汞蒸馏水润湿膨胀，然后接在分液漏斗的放液管上。

（4）分液漏斗（500mL，1000mL）。

（5）具塞磨口离心管（10mL）　使用的所有玻璃仪器（分液漏斗，试管），要求用 5%盐酸浸泡 24h 以上。

19. 4 试剂

（1）载气　氮气 99. 999%。

（2）氯化甲基汞（简称 MMC）或有证标准。

（3）甲苯　农残级，经色谱测定（按照本方法色谱条件）无干扰峰。

（4）盐酸溶液　$c(HCl)=2mol/L$，用甲苯萃取处理以排除干扰物。

（5）硫酸（H_2SO_4）　优级纯，$\rho=1.84g/mL$。

（6）乙酸酐（分析纯）。

（7）乙酸（分析纯）。

（8）硫代乙醇酸（化学纯）。

（9）脱脂棉。

（10）氯化钠（分析纯）。

（11）硫酸铜　分析纯，硫酸铜溶液：$\rho(CuSO_4)=25g/100mL$。$CuSO_4 \cdot 5H_2O$ 50g 溶于 200mL 无汞蒸馏水。

（12）无水硫酸钠（Na_2SO_4）　优级纯，在浅盘中400℃烘烤4h后置干燥器中备用。

（13）无汞蒸馏水　二次蒸馏水或电渗析去离子水，也可将蒸馏水加盐酸酸化至pH=3，然后过巯基棉纤维管去除汞。

（14）二氯化汞柱处理液　称量0.1g二氯化汞，在100mL容量瓶中用苯稀释，稀释至标线，此溶液为二氯化汞饱和苯溶液。

（15）解吸液（2mol/L NaCl＋1mol/L HCl）　称量11.69g NaCl，用100mL 1mol/L HCl溶解。

（16）甲基汞标准储备溶液　1000μg/mL。称取0.1164g MMC（相当于0.1000g甲基汞），用3～5mL甲醇溶解，然后用甲苯稀释，转移到100mL容量瓶中，用甲苯稀释至标线摇匀。也可直接购买有证标准溶液。

（17）甲醇（分析纯）。

（18）无水乙醇（分析纯）。

（19）盐酸溶液　浓度0.1mol/L。

（20）氢氧化钠溶液　浓度5mol/L。

19.5 分析步骤

19.5.1 前处理

取均匀水样1L，置于1L分液漏斗中，加入2mL硫酸铜溶液，使用2mol/L盐酸溶液，或6mol/L氢氧化钠，调pH值为3～4，接巯基棉管，让水样流速保持在20～25mL/min，待吸附完毕，用洗耳球压出吸附管内残存的水滴，然后分2次加入1.0mL解吸液，将巯基棉上吸附的甲基汞解吸到10mL具塞离心管中（用洗耳球压出最后一滴解吸液），向试管中加入0.5mL甲苯，加塞，振荡提取1min，静置分层后吸出有机相于 1mL 样品瓶中，备气相色谱测定。

19.5.2 仪器条件

汽化室温度：200℃；

检测器温度：310℃；

柱箱温度：始温 100℃，以 15℃/min 程序升温至 180℃；

载气流速：2.00mL/min。

氯化甲基汞标准色谱图参见图 19-1。

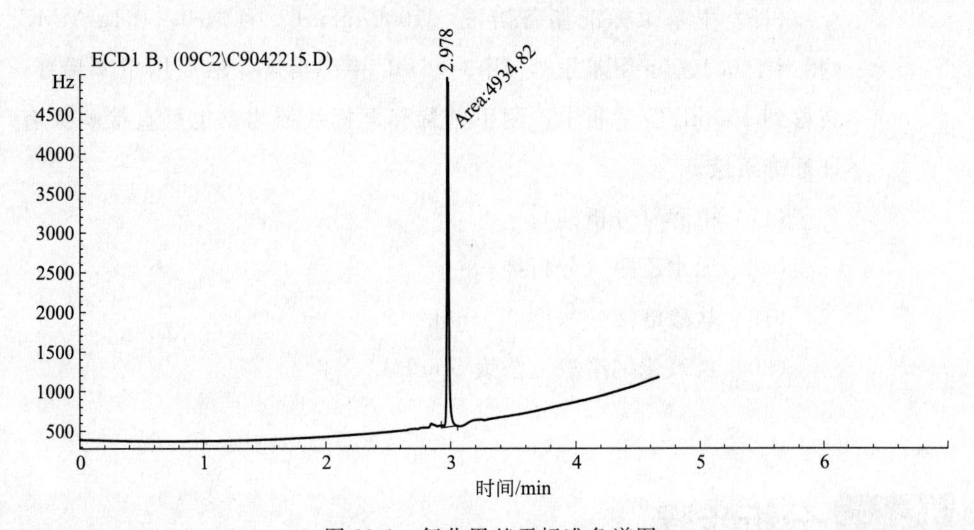

图 19-1 氯化甲基汞标准色谱图

19.5.3 定量分析

（1）外标法定量

① 甲基汞加标标准溶液（0.002～0.2μg/mL）。用少量甲醇、少量无水乙醇分别溶解甲基汞，用 0.1mol/L 盐酸稀释，配制基体加标标准溶液。浓度低于 1mg/L 的甲基汞溶液不稳定，1mg/L 以下的基体加标标准溶液需要一周重新配制一次，所有甲基汞标准溶液必须避光，低温保存（冰箱内保存）。

② 实际分析工作中使用的标准样品的制备。取基体加标标准溶液1.0mL，加解吸液3mL，加0.5mL甲苯，振荡萃取1min，静置分层。

③ 标准曲线的绘制。以甲基汞标准使用溶液，配制成浓度为10μg/L、20μg/L、50μg/L、100μg/L和200μg/L的甲基汞的标准系列。取1μL注入色谱仪，以峰高或峰面积为纵坐标，含量为横坐标，绘制标准曲线。每次分析样品时用新标准使用溶液绘制标准曲线。

（2）进样　每次分析样品时，都要用标准进行校准，一般每测定十个样品校准一次，当使用0.02mg/L标准溶液，连续进样两次，两峰峰高（或峰面积）相对偏差≤4%，可认为仪器稳定。

（3）定量分析　通过色谱峰高或峰面积，在标准曲线上查出各组分的浓度，按下式计算：

$$c=\frac{c_1 \times V_1}{V}$$

式中　c——水样中甲基汞的浓度，μg/L；

c_1——相当于标准曲线上甲基汞的浓度，μg/L；

V——取样量，mL；

V_1——萃取液体积，mL。

19.5.4　定性分析

组分与标准谱图相对照以保留时间定性。

附件A

巯基棉（S.C.F）的制备（补充件）

A1　Nishi法

在一个玻璃烧杯中，依次加入100mL硫代乙醇酸，60mL乙酸酐，40mL乙酸，0.3mL硫酸，充分混匀，冷却至室温后，加入30g脱脂棉，浸泡完全，压紧，冷至室温，降温后加盖，放在37～40℃烘箱中48～96h。取出后放在耐酸漏斗上过滤，用无汞蒸馏水洗至中性，置于35～37℃烘箱中烘干，取出置于棕色干燥器中，避光保存，每批巯基棉的性能必须做回收率测定，回收率＞85％才可使用。

A2　S.C.F 回收率测定

取基体加标标准液（0.2μg/mL）1.0mL，加入1L试剂水中，按样品处理步骤处理，与基体加标标准液（0.2μg/mL）的甲苯萃取液比较，计算回收率。

附件 B

二氯化汞柱处理液的使用（补充件）

B1　色谱柱处理液的使用

当色谱峰出现拖尾，甲基汞的保留时间值（RT）出现较大变化时，注入10μL柱处理液［即19.4（14）］，2h后可继续测定，或者完成一天测定后，注入50～100μL柱处理液，保持柱温过夜。第2天柱效恢复正常。

第20章 阿特拉津的分析

20.1 气相色谱/质谱法

同第 4 章。

20.2 液相色谱法

20.2.1 适用范围

本方法规定了高效液相色谱-紫外测定水中阿特拉津的条件和分析步骤，适用于饮用水、地表水中阿特拉津的测定，检出限为 0.02μg/L。

20.2.2 方法原理

用二氯甲烷萃取水中的阿特拉津，浓缩、定容后用液相色谱测定，特征吸收波长为 254nm。由保留时间进行定性分析，由色谱峰进行定量分析。

20.2.3 仪器

高效液相色谱仪：配置紫外检测器或二极管阵列检测器，色谱柱为 C18 反向色谱柱（4.6mm×250mm，5μm），只要能达到分离效果，可使用其他类型色谱柱。

20.2.4 试剂

(1) 甲醇（色谱级）。

(2) 二氯甲烷（色谱级）。

(3) 丙酮（色谱级）。

(4) 氯化钠（分析纯）。

(5) 无水硫酸钠（分析纯）。

(6) 阿特拉津标准品　100μg/mL，均为有证标准。

(7) 超纯水。

20.2.5 分析步骤

20.2.5.1 前处理

(1) 萃取　移取100mL水样于250mL分液漏斗中，加入5%的氯化钠，溶解后加入10mL二氯甲烷萃取1min，静置分层厚，转移出有机相，再加入10mL二氯甲烷，分层、合并有机相，经无水硫酸钠脱水后旋转蒸发浓缩至一小体积，继续用氮吹仪浓缩至近干，用甲醇定容至1mL，过滤后进样仪器测定。如测定有干扰时，采用硅酸镁柱净化。

(2) 净化

① 净化柱的制备（取活化过的硅酸镁吸附剂填入净化柱，轻敲打，使填料填实，然后填入一层大约1cm厚的无水硫酸钠）；

② 将浓缩至干的样品用10mL正己烷溶解；

③ 用适量的石油醚预淋洗净化柱，弃去淋洗液，当硫酸钠刚要露出，将样品萃取液定量倾入柱中，随后用20mL石油醚冲洗，用20mL 50%的乙醚-石油醚洗脱液以5mL/min速度洗脱；

④ 用氮吹仪将洗脱液吹干，用甲醇定容至1mL，0.22μm滤膜过滤后供仪器测定。

20.2.5.2 仪器条件

柱温 40℃；流动相为甲醇/水体系，保持甲醇/水=5/1，流量为 0.8mL/min，特征波长为 222nm。只要满足分析要求，具体色谱条件各实验室可以适当修改。

20.2.5.3 定量分析

（1）标准储备液 100μg/mL，-20℃保存。

（2）标准系列溶液 配制 5 个不同浓度的标准系列溶液，以浓度为横坐标，峰面积为纵坐标作线性回归，相关系数应达到 0.99，得到工作曲线为$Y=Ac+B$。

① 工作曲线法。水中目标物浓度计算公式为：

$$c=\frac{(Y-B)\times V_2}{A\times V_1}$$

式中 c——水样中目标物浓度；

Y——样品峰面积；

B——工作曲线截距；

V_2——定容体积；

V_1——取样量。

② 单点法。水中目标物浓度计算公式为：

$$c=\frac{A_i\times c_s\times V_2}{A_s\times V_1}$$

式中 A_i——样品峰面积；

A_s——标样峰面积；

c_s——标样浓度；

V_2——定容体积；

V_1——取样量。

20.2.5.4 定性分析

利用保留时间进行定性分析，如使用二极管阵列检测器，可同时使用紫外吸收谱图进行定性分析。色谱图见图 20-1。

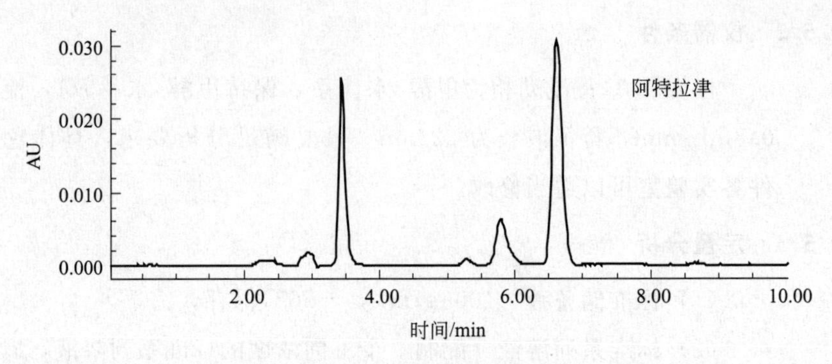

图 20-1 实际样品色谱图

20.3 液相色谱/质谱法

20.3.1 适用范围

本方法规定了高效液相色谱-质谱法测定水中阿特拉津的条件和分析步骤，适用于饮用水、地表水中阿特拉津的测定，检出限为1.0μg/L。

20.3.2 方法原理

水样经过滤后，直接进样仪器，用液相色谱-质谱测定，由保留时间和特征离子对进行定性分析，由色谱峰进行定量分析。

20.3.3 仪器

高效液相色谱仪：配置串联检测器，色谱柱为C18反向色谱柱（2.1mm×50mm，1.7μm），只要能达到分离效果，可使用其他类型色谱柱。

20.3.4 试剂

（1）乙腈（质谱谱级）。

（2）阿特拉津标准品　100μg/mL，均为有证标准。

（3）超纯水。

20.3.5 分析步骤

20.3.5.1 前处理

水样经0.22μm滤膜过滤后，进样仪器分析。

20.3.5.2 仪器条件

（1）色谱条件　流量为0.2mL/min；3.5min内乙腈由50%变至100%；进样量为10.0μL。只要满足分析要求，具体色谱条件各实验室可以适当修改。

（2）质谱条件　ESI^+、MRM方式定量（216.00＞173.90）、Dwell time为0.1s、锥孔电压为35eV、碰撞能量25eV、碰撞气为氩气。

20.3.5.3 定量分析

（1）标准储备液　100μg/mL，－20℃保存。

（2）标准系列溶液　配制5个不同浓度的标准系列溶液，以浓度为横坐标，峰面积为纵坐标作线性回归，相关系数应达到0.99，得到工作曲线为$Y=Ac+B$。

① 工作曲线法。水中目标物浓度计算公式为：

$$c=\frac{(Y-B)\times V_2}{A\times V_1}$$

式中　c——水样中目标物浓度；

Y——样品峰面积；

B——工作曲线截距；

V_2——定容体积；

V_1——取样量。

② 单点法。水中目标物浓度计算公式为：

$$c=\frac{A_i \times c_s \times V_2}{A_s \times V_1}$$

式中 A_i——样品峰面积；

A_s——标样峰面积；

c_s——标样浓度；

V_2——定容体积；

V_1——取样量。

20.3.5.4 定性分析

利用保留时间进行定性分析，如使用二极管阵列检测器，可同时使用紫外吸收谱图进行定性分析。总离子流图见图 20-2。

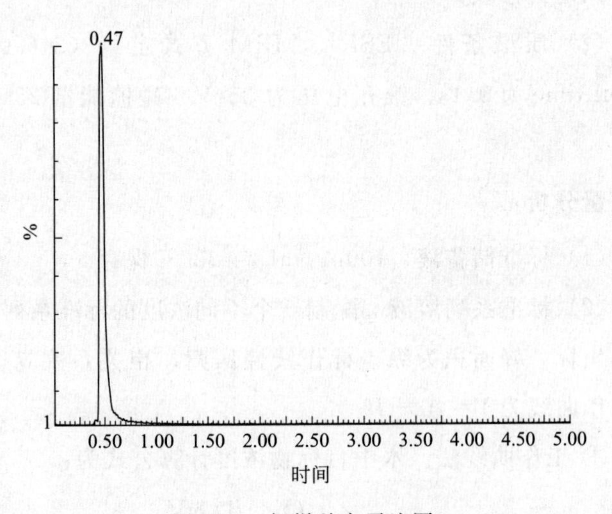

图 20-2 标样总离子流图

第21章 四乙基铅的分析

21.1 适用范围

本方法规定了固相微萃取-气相色谱-质谱法测定水中四乙基铅的条件和分析步骤，适用于饮用水、地表水中四乙基铅的测定，检出限为 1.24ng/L。

21.2 方法原理

用固相微萃取富集水中的四乙基铅，用气相色谱-质谱测定，由保留时间和离子碎片进行定性分析，由色谱峰进行定量分析。

21.3 仪器

（1）气相色谱-质谱仪（Agilent 7890A GC/5975C MS）；

（2）自动固相微萃取仪（CTC 公司），100μm 聚二甲基硅氧烷（PDMS）萃取头；

（3）Milli-Q 超纯水系统（Millipore 公司）。

21.4 试剂

(1) 甲醇农残级 (J. T. Baker 公司)。

(2) 超纯水。

(3) 四乙基铅标准溶液 (200mg/L, 美国 AccuStandard 公司)。

21.5 分析步骤

21.5.1 前处理

移取 10mL 水样于 20mL 顶空瓶中, 用 CTC 自动固相微萃取仪进行前处理, SPME 萃取头每次使用后在 CTC 的固相微萃取模块装置中老化 3min, 老化温度 265℃。

21.5.2 仪器条件

(1) 气相色谱条件　进样口 200℃, 不分流进样; 色谱柱, HP-INNOWAX (30m 长×0.32mm 内径×0.25μm 膜厚); 载气, He, 1.5mL/min; 柱温, 45℃保持 0min, 以 5℃/min 程序升温到 75℃保持 2min; 连接杆温度 200℃。

(2) 质谱条件　溶剂延迟, 3min; EM 电压, 70eV; 选择离子方式, 定量离子 295, 定性离子 208、235、236、237、293。

具体仪器条件各实验室可以适当修改。

21.5.3 定量分析

(1) 标准储备液　200μg/mL, −20℃保存。

(2) 标准系列溶液　用甲醇稀释成低浓度储备液, 使用时用去离

子水稀释成 5.0ng/L、10.0ng/L、20.0ng/L、50.0ng/L、100ng/L的标准工作溶液。以浓度为横坐标，峰面积为纵坐标作线性回归，相关系数应达到0.99，得到工作曲线为 $Y=Ac+B$。

① 工作曲线法。水中目标物浓度计算公式为：

$$c=\frac{(Y-B)\times V_2}{A\times V_1}$$

式中　c——水样中目标物浓度；

Y——样品峰面积；

B——工作曲线截距；

V_2——定容体积；

V_1——取样量。

② 单点法。水中目标物浓度计算公式为：

$$c=\frac{A_i\times c_s\times V_2}{A_s\times V_1}$$

式中　A_i——样品峰面积；

A_s——标样峰面积；

c_s——标样浓度；

V_2——定容体积；

V_1——取样量。

21.5.4　定性分析

利用保留时间和碎片离子进行定性分析，总离子流图见图21-1。

21.5.5　方法性能

按21.5.1所述SPME优化条件及21.5.2气质条件，进行线性、精密度及检出限测定，见表21-1。由表21-1可知，本方法在5.0～100ng/L线性范围内具有较好的相关系数。分别对10.0ng/L和50.0ng/L的模拟水样进行平行6次测定，精密度均在3.4%以下。对5ng/L的模拟水样进行平行7次测定，检出限为1.24ng/L，远低

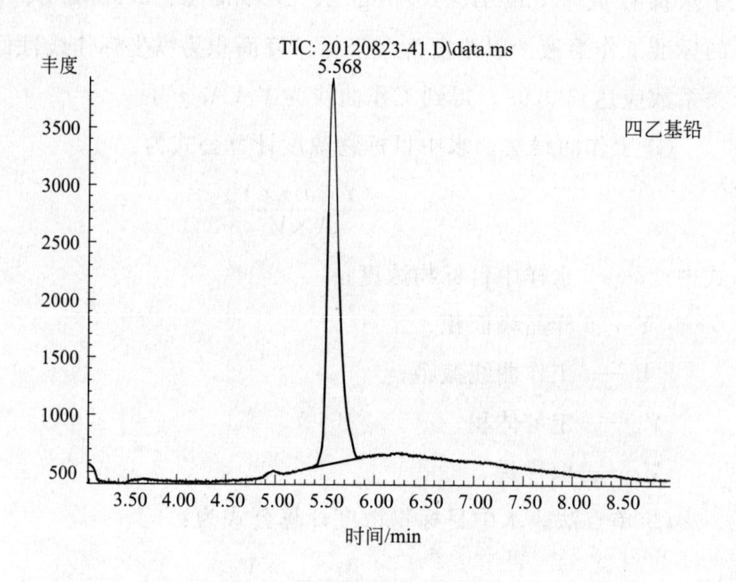

图 21-1 标样总离子流图

于我国集中式生活饮用水地表水环境质量标准中规定的限值 0.1μg/L。

表 21-1 线性、精密度和检出限

化合物	线性范围	回归方程	相关系数 R^2	精密度/%		检出限
				10.0ng/L	50.0ng/L	
四乙基铅	5.0～100ng/L	$y=295x+130$	0.9991	3.4	1.7	1.24ng/L

选择 4 个实际地表水样和 4 个废水处理出口水样进行实际水体加标试验，由表 21-2 可知，地表水样加低浓度标（10.0ng/L）和高浓度标（50.0ng/L）时，回收率在 84.2%～98.8%之间，完全满足地表水中四乙基铅分析方法需求。废水加低浓度标（10.0ng/L）时，回收率在 66.0%～96.4%之间，加高浓度标（50.0ng/L）时，回收率在 87.2%～102%之间，说明该方法也可用于部分废水样品中四乙基铅浓度的测定。

表 21-2　实际样品检测结果及加标回收率

样品类型	水样名称	本底浓度/(ng/L)	低浓度加标			高浓度加标		
			加标量/(ng/L)	检测浓度/(ng/L)	回收率/%	加标量/(ng/L)	检测浓度/(ng/L)	回收率/%
地表水	西区水厂取水口	<1.24	10.0	9.60	96.0	50.0	49.4	98.8
	南星水厂取水口	<1.24	10.0	8.42	84.2	50.0	45.8	91.6
	滨江水厂取水口	<1.24	10.0	8.91	89.1	50.0	46.2	92.4
	祥符水厂取水口	<1.24	10.0	8.94	89.4	50.0	47.3	94.6
废水	纳海油污水处理	<1.24	10.0	9.64	96.4	50.0	45.2	90.4
	太平洋化工废水	<1.24	10.0	9.01	90.1	50.0	43.6	87.2
	北仑电厂废水	<1.24	10.0	7.74	77.4	50.0	46.7	93.4
	杭氧电镀废水	<1.24	10.0	6.60	66.0	50.0	50.1	102

第22章

丁基黄原酸的分析

22.1 液相色谱法-紫外法

22.1.1 适用范围

本方法规定了高效液相色谱-紫外测定水中丁基黄原酸的条件和分析步骤，适用于饮用水、地表水中丁基黄原酸的测定，检出限为1.0μg/L。

22.1.2 方法原理

水样经过滤后，直接进样仪器，用液相色谱测定，特征吸收波长为302nm。由保留时间进行定性分析，由色谱峰进行定量分析。

22.1.3 仪器

高效液相色谱仪：配置紫外检测器或二极管阵列检测器，色谱柱为C18反向色谱柱（2.1mm×50mm，1.7μm），只要能达到分离效果，可使用其他类型色谱柱。

22.1.4 试剂

（1）乙腈（质谱级）。

（2）乙酸铵（优级纯）。

（3）氨水（分析纯）。

（4）丁基黄原酸钾（纯度大于95%）。

（5）超纯水。

22.1.5 分析步骤

22.1.5.1 前处理

水样经0.22μm滤膜过滤后进样仪器分析。

22.1.5.2 仪器条件

流动相A：0.050mol/L乙酸铵溶液（用氨水调pH值约为9.5）。流动相B：乙腈；以A/B=80/20等度洗脱，流速0.30mL/min，进样体积10.0μL，柱温35℃，紫外检测波长302nm。

只要满足分析要求，具体色谱条件各实验室可以适当修改。

22.1.5.3 定量分析

（1）标准储备液

① 丁基黄原酸储备液（100mg/L）。称取0.0263g丁基黄原酸钾，滴入3滴400g/L NaOH溶液，用超纯水水定容至250mL，4℃可保存1周。

② 丁基黄原酸标准使用液（10mg/L）。取储备液用超纯水稀释10倍，现用现配。

（2）标准系列溶液　根据待测水样的浓度范围，用超纯水配制5个不同浓度的标准溶液，经0.22μm滤膜过滤后进样仪器分析，以浓度为横坐标，峰面积为纵坐标，做线性回归，相关系数应达到0.99，得到工作曲线为$Y=Ac+B$。

① 工作曲线法。水中目标物浓度计算公式为：

$$c=\frac{(Y-B)\times V_2}{A\times V_1}$$

式中　c——水样中目标物浓度；

Y——样品峰面积；

B——工作曲线截距；

V_2——定容体积；

V_1——取样量。

② 单点法。水中目标物浓度计算公式为：

$$c=\frac{A_i \times c_s \times V_2}{A_s \times V_1}$$

式中　A_i——样品峰面积；

A_s——标样峰面积；

c_s——标样浓度；

V_2——定容体积；

V_1——取样量。

22.1.5.4　定性分析

利用保留时间进行定性分析，如使用二极管阵列检测器，可同时使用紫外吸收谱图进行定性分析。

22.2 液相色谱法-质谱法

22.2.1　适用范围

本方法规定了高效液相色谱-质谱测定水中丁基黄原酸的条件和分析步骤，适用于饮用水、地表水中丁基黄原酸的测定，检出限为0.2μg/L。

22.2.2　方法原理

水样经过滤后，直接进样仪器，用液相色谱-质谱测定，由保留时间和特征离子对进行定性分析，由色谱峰进行定量分析。

22.2.3 仪器

高效液相色谱-质谱仪：配置串联质谱，色谱柱为C18反向色谱柱（2.1mm×50mm，1.7μm），只要能达到分离效果，可使用其他类型色谱柱。

22.2.4 试剂

（1）乙腈（质谱级）。

（2）乙酸铵（优级纯）。

（3）氨水（分析纯）。

（4）丁基黄原酸钾（纯度大于95%）。

（5）超纯水。

22.2.5 分析步骤

22.2.5.1 前处理

水样经0.22μm滤膜过滤后进样仪器分析。

22.2.5.2 仪器条件

（1）色谱部分　流动相A：0.050mol/L乙酸铵溶液（用氨水调pH值约为9.5）。流动相B：乙腈；以A/B＝80/20等度洗脱，流速0.30mL/min，进样体积10.0μL，柱温35℃。

（2）质谱部分　采用ESI^-，3.0kV，源温为110℃。脱溶剂气为500L/h，锥孔气为50L/h，温度为350℃。分子离子对为148.8>72.9，锥孔电压为20eV，碰撞气为12。

只要满足分析要求，具体仪器条件各实验室可以适当修改。

22.2.5.3 定量分析

（1）标准储备液

① 丁基黄原酸储备液（100mg/L）。称取 0.0263g 丁基黄原酸钾，滴入 3 滴 400g/L NaOH 溶液，用超纯水定容至 250mL，4℃可保存 1 周。

② 丁基黄原酸标准使用液（10mg/L）。取储备液用超纯水稀释 10 倍，现用现配。

（2）标准系列溶液

根据待测水样的浓度范围，用超纯水配制 5 个不同浓度的标准溶液，经 0.22μm 滤膜过滤后进样仪器分析，以浓度为横坐标，峰面积为纵坐标，做线性线性回归，相关系数应达到 0.99，得到工作曲线为$Y=Ac+B$。

① 工作曲线法。水中目标物浓度计算公式为：

$$c=\frac{(Y-B)\times V_2}{A\times V_1}$$

式中 c——水样中目标物浓度；

Y——样品峰面积；

B——工作曲线截距；

V_2——定容体积；

V_1——取样量。

② 单点法。水中目标物浓度计算公式为：

$$c=\frac{A_i\times c_s\times V_2}{A_s\times V_1}$$

式中 A_i——样品峰面积；

A_s——标样峰面积；

c_s——标样浓度；

V_2——定容体积；

V_1——取样量。

22.2.5.4 定性分析

利用保留时间进行定性分析，如使用二极管阵列检测器，可同时

使用紫外吸收谱图进行定性分析。总离子流见图 22-1。

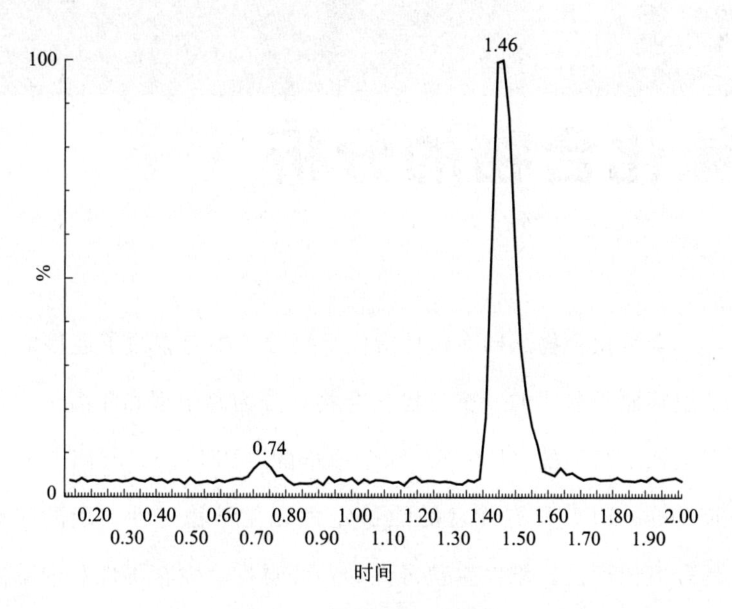

图 22-1　标样总离子流图

第23章 全氟化合物的分析

全氟化合物（PFC）是指化合物分子中与碳原子连接的氢原子完全被氟原子取代的一类有机化合物，分为离子型和非离子型，离子型有全氟辛基磺酸（PFOS）和全氟辛酸（PFOA）。非离子型有全氟酰胺类等。PFC具有优良的热稳定性和化学稳定性，耐酸耐碱。PFC具有遗传毒性、雄性生殖毒性、神经毒性、发育毒性和内分泌干扰作用等多种毒性，被认为是具有全身多脏器毒性的环境污染物。同时PFOS物质具有持久性、高度生物累积性、有毒以及可以远距离环境迁移的特性，被普遍认为是持久性有机污染物和持久累积性毒物。2009年5月，斯德哥尔摩公约第四次缔约方大会将全氟化合物新增列为持久性有机污染物。

23.1 适用范围

本方法规定了高效液相色谱/质谱法测定水中全氟化合物的条件和分析步骤，适用于饮用水和地表水中全氟化合物的测定（见表23-1）。方法检测限受仪器灵敏度和样品基质影响，但应达到ng/L级。

表 23-1　目标物一览表

目标物	简写	MRM	DT/s	CV/V	CE/V
全氟丁烷磺酸	PFBS	299>80;299>99	0.03	40	28
全氟己酸	PFHA	313>269;313>119	0.01	10	20
全氟庚酸	PFHpA	363>319;363>169	0.01	12	18
全氟己烷磺酸	PFHxS	399>80;399>99	0.01	45	32
全氟辛酸	PFOA	413>369;413>169	0.01	10	16
8 代全氟辛酸	M8PFOA	421>376	0.01	10	16
2 代全氟辛酸	M2PFOA	415>370	0.01	10	16
全氟壬酸	PFNA	463>419;463>169	0.01	11	10
全氟辛烷磺酸	PFOS	499>80;499>99	0.01	55	42
4 代全氟辛烷磺酸	M4PFOS	503>80	0.01	55	40
全氟癸酸	PFDA	513>469;513>219	0.01	10	15
全氟十一酸	PFUnA	563>519;563>319	0.01	12	25
全氟十二酸	PFDoA	613>569;613>169	0.01	12	16

23.2 方法原理

根据目标化合物在单极质谱中产生的母离子、在串联质谱中同时产生的母离子和碎片离子进行定性分析。将样品经前处理后，单极质谱采用选择离子方式进行定量分析，串联质谱采用多反应监测（MRM）方式进行定量分析。

23.3 仪器

（1）高效液相色谱/质谱仪　配置单极质谱、串联质谱、时间飞行质谱等，本方法制定中使用色谱柱为C18反向色谱柱（2.1mm×50mm，1.7μm），只要满足分析要求，可使用其他种类色谱柱。仪器系统尽可能无目标物空白，如有空白，空白必须稳定，且不影响分析。

（2）固相萃取装置　全自动或简易型柱式萃取仪。本方法开发时使用HLB小柱（500mg，6mL），只要满足分析要求，可使用其他型号。

（3）氮吹仪。

23.4 试剂

（1）甲醇（质谱级）。

（2）醋酸铵（优级纯）。

（3）标准品　全氟化合物、替代标（M4PFOS、M8PFOA）和内标（M2PFOA）均为有证标准。

（4）超纯水。

23.5 分析步骤

23.5.1 前处理

（1）富集净化　取1000mL水样，加入10ng替代标样。

① 分别用10mL甲醇和10mL水活化固相萃取小柱；

② 上样1000mL水样，上样速度为4.0mL/min；

③ 用10mL甲醇/水=1/9淋洗小柱；

④ 吹干30min；

⑤ 2 次用 5mL 甲醇溶液洗脱，合并洗脱液。

（2）浓缩　用氮吹仪吹至近干，用流动相定容至一定体积，此溶液用于仪器测定。

23.5.2　仪器条件

以下描述为方法开发时使用的仪器条件，只要满足分析要求，各实验室可以根据需要适当调整。全氟化合物总离子流图见图 23-1。

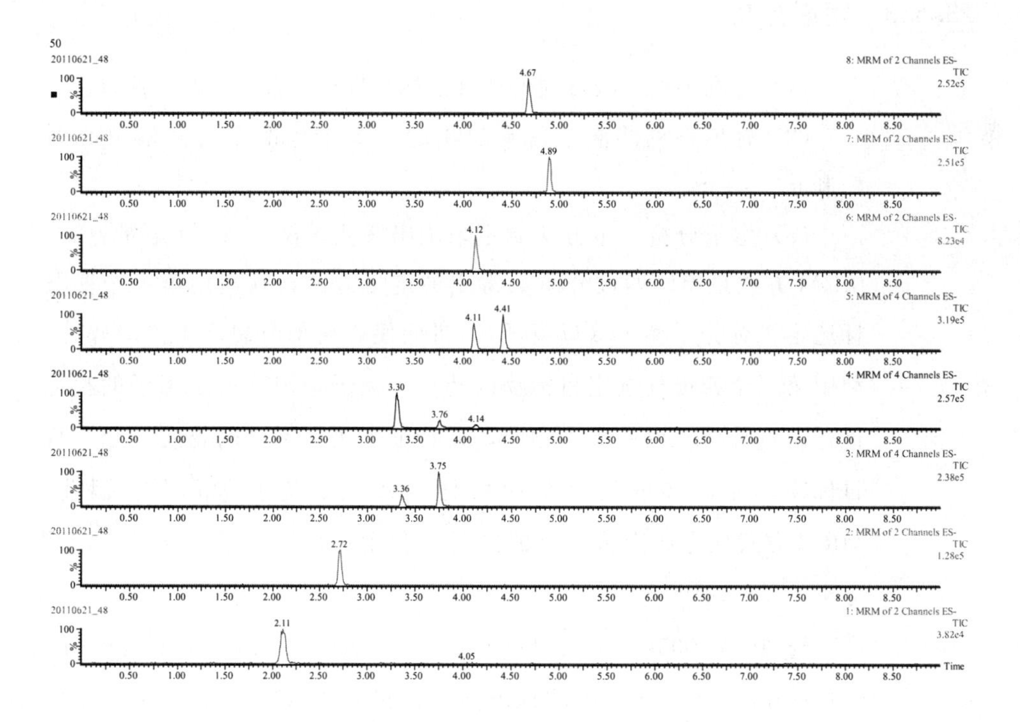

图 23-1　全氟化合物总离子流图

（1）液相部分　见表 23-2。

（2）质谱部分　采用 ESI^+，3.0kV，源温为 110℃。脱溶剂气为 400L/h，锥孔气为 50L/h，温度为 350℃。

表 23-2 色谱条件

时间/min	流速/(mL/min)	5mmol/L 醋酸铵/%	甲醇/%
0	0.4	75	25
0.5	0.4	75	25
5.0	0.4	15	85
5.1	0.4	0	100
7.0	0.4	0	100
7.1	0.4	75	25

23.5.3 定量分析

（1）标准溶液　购自国内外有证标准生产厂家，－20℃保存。

（2）标准系列溶液　用流动相配制 5 个标准系列溶液（临时配制）。

（3）定量分析　本方法制定采用串联质谱仪、MRM 定量方式。MRM 方式是串联四极杆质谱常用的定量方式，其利用第一个四极杆选定目标分子离子（母离子），进而使该离子断裂产生二级碎片，利用第二个四极杆选定目标物的特征子离子，用特征子离子的响应进行定量分析。仅母离子相同，而特征子离子不同的物质不会干扰目标物测定，这也是单个四极杆质谱无法克服的局限。因此，MRM 方式在完成定量分析的同时，利用母离子和子离子进行定性分析。

配制 0.005μg/mL、0.01μg/mL、0.02μg/mL、0.05μg/mL、0.1μg/mL 5 个不同浓度的标准溶液，其中内标物质 M2PFOA 浓度均为 0.01μg/mL，以目标物与内标物的浓度比为横坐标，不同浓度目标物的峰面积与内标物峰面积的比值为纵坐标，作线性回归，相关系数应大于 0.99。水样中化合物的浓度：

$$c=\frac{A_{x}c_{is}}{A_{is}RF}\times V_2\times D/V_1$$

式中 c——样品中目标物的浓度；

A_x——目标物峰面积；

A_{is}——内标物峰面积；

c_{is}——内标物浓度；

RF——校准因子；

V_2——定容体积；

V_1——取样量；

D——稀释倍数。

23.5.4 定性分析

定性分析方法有：①比较样品与标样保留时间，确定保留时间一致的目标物；②用选择离子方式确定待测物的质/荷是否与标样一致；③改变不同的锥孔电压使目标离子短裂产生碎片，比较样品和标准品的离子断裂碎片，进一步对目标物进行定性分析；④利用二级质谱研究选定的分子离子峰的二级碎片，与标准品对照。

如果使用单个四极杆质谱，上述第4步则无法进行；如果使用离子阱质谱，则可进行二级以上的子离子研究。

23.5.5 性能指标

（1）检测限 按照3倍信噪比计算检测限，结合前处理过程（浓缩1000倍），该方法分析地表水中全氟化合物检测限见表23-3。

（2）准确度

取6个地表水样，原水样目标物浓度小于定量限，加标后浓度为50ng/L，通过固相萃取、氮吹仪浓缩后用仪器分析，回收率见表23-3。

表 23-3 方法性能

目标物	回收率(n=6)/%	检测限/(ng/L)	相关系数
PFBS	105±6	2.5	R^2>0.99
PFHA	112±11	1.2	R^2>0.99
PFHpA	124±15	1.2	R^2>0.99
PFHxS	99±10	1.2	R^2>0.99
PFOA	92±11	1.2	R^2>0.99
PFNA	94±8	1.2	R^2>0.99
PFOS	95±6	1.2	R^2>0.99
PFDA	90±9	2.5	R^2>0.99
PFUnA	98±13	1.2	R^2>0.99
PFDoA	90±6	1.2	R^2>0.99

(3) 线性范围　配制 0.005～0.1μg/mL 之间配制 5 个工作曲线系列，工作曲线相关系数大于 0.99。

第24章 药物及个人防护品的分析

药物与个人护理品（pharmaceuticals and personal care products，PPCPs）主要是指各种药物（如抗生素、类固醇、消炎药、镇静剂、抗癫痫药、避孕药、神经兴奋剂等），以及个人护理品（如化妆品中的合成香料、显影剂、遮光剂、驱蚊剂、消毒杀菌剂等）。施用在人或动物体的药物大部分不能被机体完全吸收，多以原形或代谢物的形式随粪便、尿液等排出体外，进入环境中。大部分个人护理品在使用过程中也会直接进入环境中。进入环境中的 PPCPs 化合物可能会干扰环境中生物的正常生长，造成生物畸变或突变，诱发大量耐药菌株的产生。据文献报道，PPCPs 化合物在环境水样中检出的质量浓度通常是 ng/L～μg/L 级水平。环境介质中痕量 PPCPs 化合物的生态安全已引起广泛关注。

24.1 适用范围

本方法规定了高效液相色谱/质谱法测定饮用水和地表水中抗生素、非甾体消炎药（NSAIDS）、血脂调节剂、β-阻滞剂、驱蚊剂、中枢神经兴奋药等在内的 18 种药物及个人防护品（表 24-1）。方法检测限受仪器灵敏度和样品基质影响，但应达到 ng/L 级。

表 24-1 目标化合物的详细信息及质谱参数

	化合物	用途	CAS 号	化学式	母离子质荷比 m/z	子离子质荷比 m/z	锥孔电压/V	碰撞气能量/eV	保留时间/min
ESI⁺	甲基苄氨嘧啶 Trimethoprim (TRI)	抗生素 Antibiotics	738-70-5	$C_{14}H_{18}N_4O_3$	290.8	122.8	25	24	0.76
	脱水红霉素 Erythromycin A Dihydrate (ERY-2H_2O)		59319-72-1	$C_{37}H_{67}NO_{13}\cdot 2H_2O$	734.4	157.8	28	25	1.72
	诺氟沙星 Norfloxacin (NOR)		70458-96-7	$C_{16}H_{18}FN_3O_3$	319.8	301.8	20	20	0.79
	氧氟沙星 Ofloxacin (OFL)		82419-36-1	$C_{18}H_{20}FN_3O_4$	361.8	317.8	25	20	0.75
	青霉素 G Penicillin G (PEN-G)		61-33-6	$C_{16}H_{18}N_2O_4S$	367.1	160.0	22	15	1.47
	青霉素 Penicillin V Potassium salt (PEN-V)		132-98-9	$C_{16}H_{17}KN_2O_5S$	383.1	160.0	20	15	1.64
	头孢氨苄 Cephalexin (CPL)		15686-71-2	$C_{16}H_{17}N_3O_4S$	348.0	157.9	18	10	0.87
	磺胺甲噁唑 Sulfamethoxazole (SMX)		723-46-6	$C_{10}H_{11}N_3O_3S$	253.9	155.8	14	15	0.87
	阿替洛尔 Atenolol (ATEN)	心阻滞剂 β-bloker	29122-68-7	$C_{14}H_{22}N_2O_3$	266.9	189.8	18	20	0.68
	避蚊胺 *N*,*N*-diethyl-3-methylbenzoylamide (DEET)	驱蚊药 Anophelifuge	134-62-3	$C_{12}H_{17}NO$	192.0	118.8	10	15	1.89
	卡马西平 Carbamazepine (CMZP)	抗癫痫药 Antiepileptics	298-46-4	$C_{15}H_{12}N_2O$	238.0	194.8	15	19	1.62
	咖啡因 Caffeine (CAF)	中枢神经系统兴奋剂 CNS stimulant	58-08-2	$C_8H_{10}N_4O_2$	194.9	137.8	15	17	0.84
ESI⁻	氯贝酸 Clofibric acid (CLO)	血脂调节剂 Lipid modifying agent	882-09-7	$C_{10}H_{11}ClO_3$	212.8	126.8	18	12	1.28
	布洛芬 Ibuprofen (IBU)	非甾体类抗炎药 NSAIDS	15687-27-1	$C_{13}H_{18}O_2$	204.9	160.9	15	7	2.07
	萘普生 Naproxen (NAP)		22204-53-1	$C_{14}H_{14}O_3$	228.8	184.7	18	9	1.32
	双氯芬酸 Diclofenac sodium salt (DIC)		15307-79-6	$C_{14}H_{10}Cl_2NNaO_2$	293.8	249.7	18	12	1.87
	三氯生 Triclosan (TCS)	消毒剂 Disinfectant	3380-34-5	$C_{12}H_7Cl_3O_2$	286.8	35.0	18	12	3.17
	三氯卡班 Triclocarban (TCC)		101-20-2	$C_{13}H_9Cl_3N_2O$	312.8	159.8	26	11	3.03

24.2 方法原理

根据目标化合物在单极质谱中产生的母离子、在串联质谱中同时产生的母离子和碎片离子进行定性分析。将样品经前处理后，单极质谱采用选择离子方式进行定量分析，串联质谱采用多反应监测（MRM）方式进行定量分析。

24.3 仪器

（1）高效液相色谱/质谱仪　配置单极质谱、串联质谱、时间飞行质谱等，本方法制定中使用色谱柱为 C18 反向色谱柱（2.1mm×50mm，1.7μm），只要满足分析要求，可使用其他种类色谱柱。

（2）固相萃取装置　全自动或简易型柱式萃取仪。本方法开发时使用 HLB 小柱（500mg，6mL），只要满足分析要求，可使用其他型号。

（3）氮吹仪。

24.4 试剂

（1）甲醇（质谱级）。

（2）乙腈（质谱级）。

（3）乙酸铵（优级纯）。

（4）甲酸（液相级）。

（5）标准品　目标化合物均为有证标准。

（6）超纯水。

24.5 分析步骤

24.5.1 前处理

量取1L水样，加入10mL甲醇（消除管路的吸附作用），加入2g Na_2EDTA，静置反应1～2h后用固相萃取净化富集，条件如下：依次用10mL甲醇和10mL超纯水活化Oasis HLB萃取柱；上样速度为2mL/min，上样毕，用20mL超纯水淋洗柱子；氮气吹干柱子30min；用3mL的甲醇：乙腈（1∶1）溶液洗脱柱子，共洗脱4次，收集洗脱液；氮吹仪浓缩吹干至1mL以下，后用甲醇定容至2mL。样品在进行检测分析前，密封避光储存在－20℃环境下，40天内进行检测分析。

24.5.2 仪器条件

（1）色谱条件　美国Waters Acquity™ UPLC BEH C18色谱柱（50mm×2.1mm，1.7μm）。柱温为45℃；流动相流速为0.2mL/min；进样量为5μL。流动相A：甲醇。流动相B：ESI^+模式下为含0.3%甲酸的5mmol/L乙酸铵溶液，ESI^-模式下为5mmol/L乙酸铵溶液。梯度洗脱程序：0min，50%A；0～2.5min，(50%→90%)A；2.5～4.5min，90%→50%A；4.5～5min，保持50%A。

（2）质谱条件　离子源为电喷雾电离源；毛细管电压：ESI^+模式下为3.1kV，ESI^-模式下为3.0kV。射频透镜电压：ESI^+模式下为0.8V，ESI^-模式下为0.5V。离子源温度：ESI^+模式下为110℃，ESI^-模式下为110℃。脱溶剂温度为350℃；脱溶剂气流速为500L/h；锥孔反吹气流速为50L/h；检测模式为MRM。经质谱优化后，18种PPCPs化合物的详细质谱参数见表24-1。

上述描述为方法开发时使用的仪器条件，只要满足分析要求，各

实验室可以根据需要适当调整。

目标化合物总离子流图参见图 24-1。

24.5.3　定量分析

（1）标准溶液　购自国内外有证标准生产厂家，-20℃保存。

（2）标准系列溶液　用流动相配制 5 个标准系列溶液（临时配制）。

（3）定量分析　本方法制定采用串联质谱仪、MRM 定量方式。MRM 方式是串联四极杆质谱常用的定量方式，其利用第一个四极杆选定目标分子离子（母离子），进而使该离子断裂产生二级碎片，利用第二个四极杆选定目标物的特征子离子，用特征子离子的响应进行定量分析。仅母离子相同，而特征子离子不同的物质不会干扰目标物测定，这也是单个四极杆质谱无法克服的局限。因此，MRM 方式在完成定量分析的同时，利用母离子和子离子进行定性分析。

在 0.4～100ng/mL 浓度间，配制 5 个不同浓度的标准系列溶液，以浓度为横坐标，峰面积为纵坐标作线性回归，相关系数应达到 0.99，得到工作曲线为$Y=Ac+B$。

① 工作曲线法。水中目标物浓度计算公式为：

$$c=\frac{(Y-B)\times V_2}{A\times V_1}$$

式中　c——水样中目标物浓度；

Y——样品峰面积；

B——工作曲线截距；

V_2——定容体积；

V_1——取样量。

② 单点法。水中目标物浓度计算公式为：

$$c=\frac{A_i\times c_s\times V_2}{A_s\times V_1}$$

式中　A_i——样品峰面积；

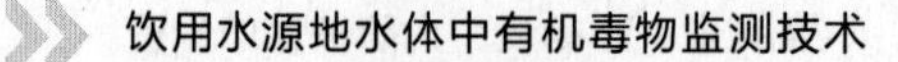

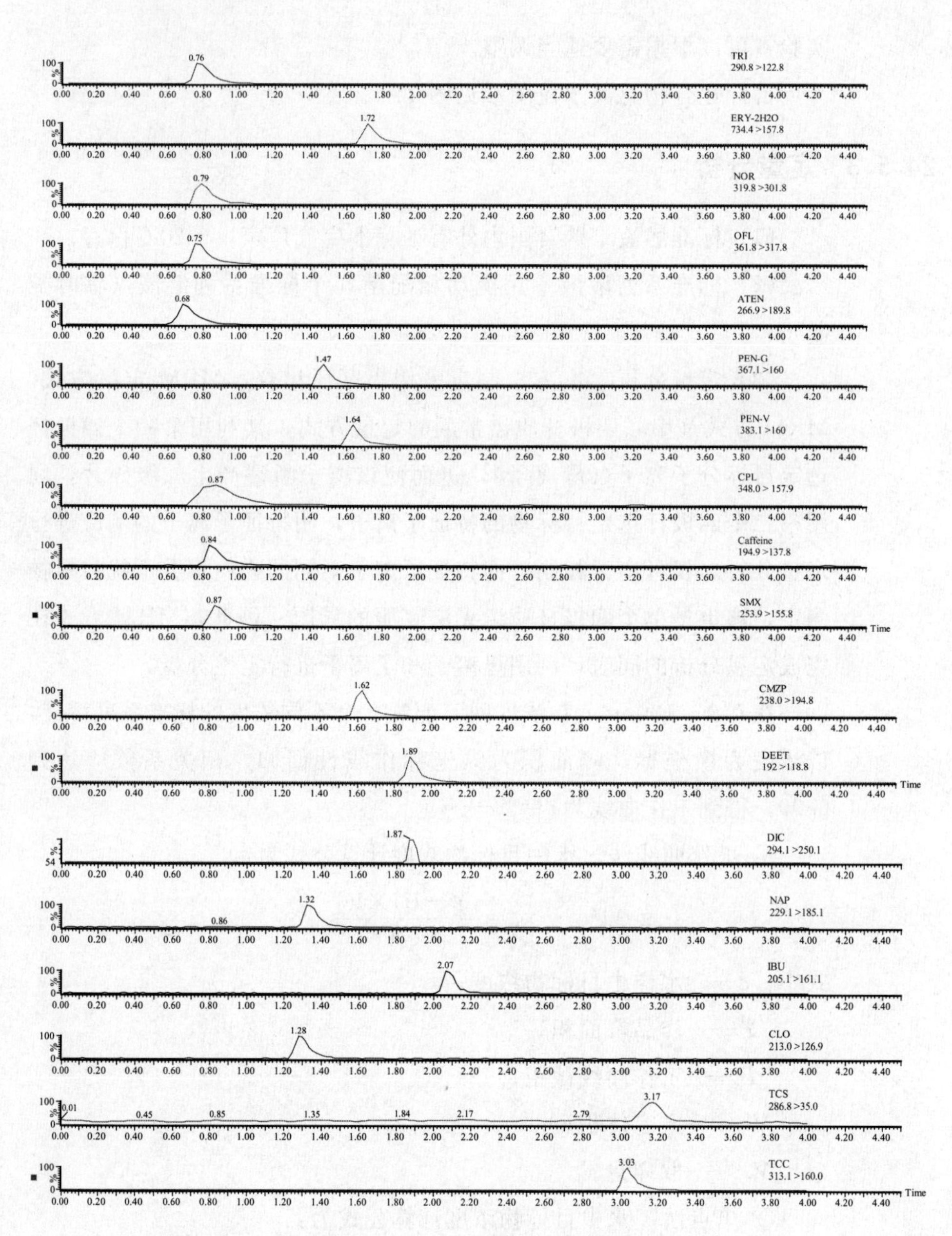

图 24-1 目标化合物总离子流图

（化合物名称见表 24-1）

A_s——标样峰面积；

c_s——标样浓度；

V_2——定容体积；

V_1——取样量。

24.5.4　定性分析

定性分析方法有：①比较样品与标样保留时间，确定保留时间一致的目标物；②用选择离子方式确定待测物的质/荷是否与标样一致；③改变不同的锥孔电压使目标离子短裂产生碎片，比较样品和标准品的离子断裂碎片，进一步对目标物进行定性分析；④利用二级质谱研究选定的分子离子峰的二级碎片，与标准品对照。

如果使用单个四极杆质谱，上述第 4 步则无法进行；如果使用离子阱质谱，则可进行二级以上的子离子研究。

24.5.5　性能指标

（1）检测限　3 倍信噪比下，结合前处理过程（浓缩 1000 倍），确定各物质的检出限，结果见表 24-2。

表 24-2　18 种 PPCPs 化合物的线性回归方程、相关系数及检出限

化合物	回归方程	R^2	线性范围/(μg/L)	检出限 MDL/(ng/L)
TRI	$y=1685.4x+3172$	0.9971	0.4—100	0.20
ERY-2H_2O	$y=3872.1x+1789.6$	0.9999	0.4—100	0.1
NOR	$y=696.07x-3262.8$	0.9812	1—100	2.00
OFL	$y=2886.5x-1294.3$	0.9999	1—100	2.00
PEN-G	$y=1264.4x+141.02$	0.9999	0.4—100	1.00
PEN-V	$y=996.9x-210.27$	1.0000	0.5—100	0.20
CPL	$y=75.22x+25.141$	0.9996	1—100	1.00
SMX	$y=1066.3x+631.14$	0.9999	0.4—100	0.20
ATEN	$y=1277.6x+2350.9$	0.9980	0.4—100	0.20

续表

化合物	回归方程	R^2	线性范围/(μg/L)	检出限MDL/(ng/L)
DEET	$y=18328x+31689$	0.9975	0.4—100	0.02
CMZP	$y=1243.5x+1483.9$	0.9991	0.4—100	0.10
Caffeine	$y=948.11x+1222.1$	0.9995	1—100	1.00
CLO	$y=72.677x+574.73$	0.9941	4—400	1.00
IBU	$y=66.418x+343.34$	0.9988	4—600	1.00
NAP	$y=19.611x+324.62$	0.9954	4—600	1.00
DIC	$y=39.021x+792.22$	0.9934	4—600	1.00
TCS	$y=1.9829x+89.786$	0.9794	10—600	10.00
TCC	$y=817.32x+4961.7$	0.9978	4—200	0.10

（2）准确度　分别进行纯水和地表水样的加标回收实验，考察方法精密度和准确度。纯水的各目标 PPCPs 化合物的加标水平分别为 10ng/L 和 100ng/L（表 24-3）；地表水样的加标水平为 200ng/L。在余杭塘河水面下 0.5m 处采集地表水样。在每种加标条件下，配制 6 份 1L 的加标平行水样和 6 份 1L 不加标平行水样。按优化好的固相萃取条件进行样品预处理。所有 1L 水样均浓缩至 1mL，然后用甲醇定容至 2mL。考察样品加标回收情况，结果列于表 24-3。从表中看出，所有目标分析物的加标回收率均在 45.0%～156.6%之间，相对标准偏差在 2.4%～15.7%之间，表明方法是可靠、可接受的。

（3）线性范围

① ESI^+ 模式下。在 0.4～100ng/mL 浓度间，配制 5 个不同浓度的标准溶液，以目标物的浓度为横坐标，不同浓度目标物的峰面积为纵坐标，作线性回归，工作曲线和相关系数见表 24-2，结果表明所有 ESI^+ 化合物在 0.4～100ng/mL 均具有很好的线性。

② ESI^- 模式下：在 1～600ng/mL 浓度间，配制 8 个不同浓度的标准溶液，以目标物的浓度比为横坐标，不同浓度目标物的峰面积为纵坐标，作线性回归，工作曲线和相关系数见表 24-2，结果表明 ESI^- 化合物在 1～600ng/mL 之间的一定范围内均具有很好的线性。

表 24-3　纯水及地表水中 18 种 PPCPs 化合物的加标回收情况及实际水样中的浓度（$n=6$）

化合物	纯水($n=6$)				地表水($n=6$)		取自余杭塘河的实际水样($n=3$)	
	100ng/L		10ng/L		200ng/L		浓度/(ng/L)	RSD/%
	Rec/%	RSD/%	Rec/%	RSD/%	Rec/%	RSD/%		
TRI	85.5	2.6	85.0	6.5	104.5	2.4	na	na
ERY-$2H_2O$	57.0	9.2	58.9	15.3	96.0	4.3	3.1	5.4
NOR	72.3	9.7	89.7	10.5	79.8	4.1	na	na
OFL	60.0	15.3	56.9	7.9	103.5	3.0	7.7	10.8
PEN-G	93.8	4.5	86.4	2.8	136.6	4.8	na	na
PEN-V	99.1	6.2	80.4	8.9	95.8	4.3	na	na
CPL	78.6	4.6	53.9	8.0	73.7	6.3	5.8	7.3
DEET	98.2	5.6	88.6	5.5	100.1	4.0	8.2	3.0
SMX	83.2	3.8	79.3	5.5	45.1	7.2	na	na
ATEN	83.4	3.9	75.8	4.0	101.7	4.2	na	na
CMZP	100.6	4.6	87.0	7.0	114.1	5.0	3.0	9.1
Caffeine	82.1	7.7	78.4	4.7	105.8	15.7	550.7	4.7
CLO	100.4	4.9	112	8.9	92.9	7.6	na	na
IBU	84.2	8.7	92.6	5.6	97.9	10.1	27.4	6.8
NAP	96.0	5.1	95.4	8.2	107.5	9.5	na	na
DIC	97.4	4.9	108.9	7.9	103.5	4.2	na	na
TCS	81.2	6.4	79.0	5.4	156.6	8.4	na	na
TCC	70.9	7.0	64.2	9.6	125.8	11.1	2.1	9.7

注：na 代表 not avaliable。

第25章 常见阴离子和消毒副产物的分析

饮用水消毒时，消毒剂和饮用水中的一些天然物质反应生成消毒副产物（disinfection by-products，DBPs）。研究表明，DBPs 可能具有生殖毒性和致癌性（WHO，2000. Environ mental health criteria 216 Disinfectants and disinfectant by-products.），已经引起了人们的广泛关注。美国国家环境保护局、世界卫生组织的《饮用水水质准则》等都颁布了相关的饮用水中 DBPs 的控制标准。研究表明，由于传统的消毒方式发生改变，虽然使消毒副产物的总量有所下降，但是其中一些新型的消毒副产物，如溴酸盐、卤代乙酸（haloacetic acids，HAAs）等的浓度却显著增加。我国对消毒副产物的研究起步得较晚，新颁布的《生活饮用水卫生标准》对部分消毒副产物的指标的浓度限值进行了规定，但是仍较少涉及一些新型的消毒副产物。

25.1 适用范围

本方法规定了离子色谱法同时测定水中 7 种常见阴离子（F^-，Cl^-，NO_2^-，Br^-，NO_3^-，SO_4^{2-}，PO_4^{3-}），3 种无机消毒副产物（ClO_2^-，ClO_3^-，BrO_3^-）和 5 种卤代乙酸（二氯乙酸 DCAA、二溴乙酸 DBAA、溴氯乙酸 BCAA、三氯乙酸 TCAA、三溴乙酸 TBAA）的分析方法。

25.2 方法原理

采用 IonPac AS19 阴离子分离柱，结合大体积直接进样，建立了离子色谱法同时测定水中 7 种常见阴离子，3 种无机消毒副产物和 5 种卤代乙酸的分析方法。以保留时间定性，以峰高或峰面积外标法定量。

25.3 仪器

Dionex ICS-2000 型离子色谱仪；Chromeleon Client 6.80 工作站；电导检测。

25.4 试剂

（1）标准品 目标化合物均为有证标准。

（2）超纯水。

25.5 分析步骤

25.5.1 前处理

样品过 0.45μm 滤膜。

25.5.2 仪器条件

Dionex IonPac AS19 阴离子分离柱（4mm×250mm），IonPac

AG19 阴离子保护柱（4mm×50mm），ASRS300 型阴离子抑制器（4mm）。流动相为 KOH，流速 1mL/min，浓度梯度洗脱，浓度梯度程序见表 25-1。进样量为 1000μL；柱温为室温；电导检测；峰面积定量。

表 25-1 浓度梯度程序

时间/min	淋洗液浓度/(mmol/L)
0～12	8
12～27	8～26
27～28	26～55
28～42	55
42.1～50	8

上述描述为方法开发时使用的仪器条件，只要满足分析要求，各实验室可以根据需要适当调整。

标样色谱图参见图 25-1。

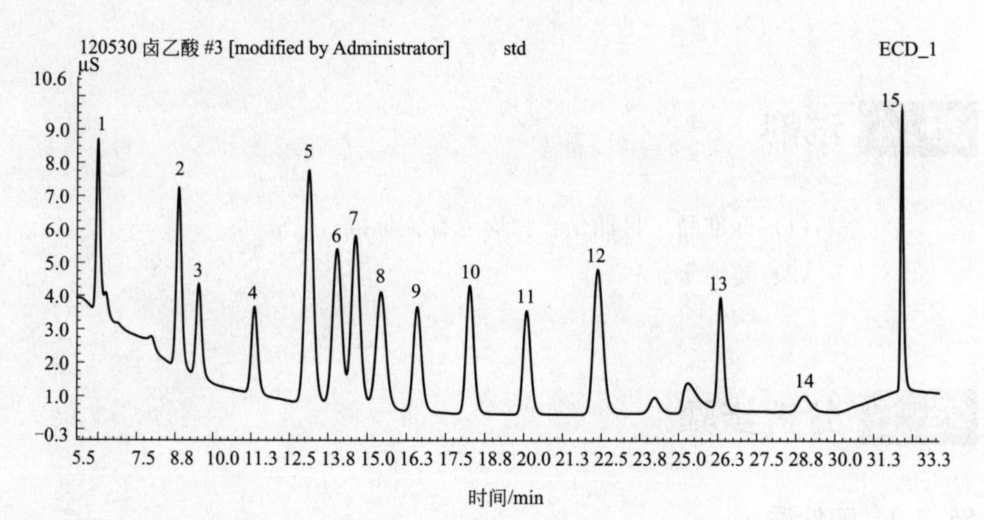

图 25-1 标样色谱图

1—F^-（0.1mg/L）；2—ClO_2^-（0.5mg/L）；3—BrO_3^-（0.5mg/L）；4—Cl^-（0.05mg/L）；5—DCAA（2mg/L）；6—BCAA（2mg/L）；7—NO_2^-（1.6mg/L）；8—DBAA（2mg/L）；9—ClO_3^-（0.5mg/L）；10—Br^-（0.5mg/L）；11—NO_3^-（0.2mg/L）；12—TCAA（2mg/L）；13—SO_4^{2-}（0.1mg/L）；14—TBAA（5mg/L）；15—PO_4^{3-}（0.2mg/L）

25.5.3　定量分析

（1）标准溶液　购自国内外有证标准生产厂家，4℃保存。

（2）标准系列溶液　配制5个标准系列溶液（临时配制）。

（3）定量分析　配制5个不同浓度的标准系列溶液，以浓度为横坐标，峰面积为纵坐标作线性回归，相关系数应达到0.99，得到工作曲线为$Y=Ac+B$。

① 工作曲线法。水中目标物浓度计算公式为：

$$c=\frac{(Y-B)\times V_2}{A\times V_1}$$

式中　c——水样中目标物浓度；

Y——样品峰面积；

B——工作曲线截距；

V_2——定容体积；

V_1——取样量。

② 单点法。水中目标物浓度计算公式为：

$$c=\frac{A_i\times c_s\times V_2}{A_s\times V_1}$$

式中　A_i——样品峰面积；

A_s——标样峰面积；

c_s——标样浓度；

V_2——定容体积；

V_1——取样量。

25.5.4　定性分析

定性分析方法有：比较样品与标样保留时间，确定保留时间一致的目标物。

25.5.5　性能指标

IonPac AS19阴离子分离柱为大容量色谱柱，可以通过大体积进样来提高检测的灵敏度，降低被测物的检出限。配置溶液，重复测定10次，计算得标准偏差SD。根据3倍SD得到的方法定性下限和10倍SD得到的方法定量下限见表25-2。配置不同浓度的目标污染物的标准溶液后进样，以峰面积A对浓度c(mg/L)绘制标准曲线，方法测定的线性范围，标准曲线的相关系数见表25-2。该方法的线性范围较宽，包括了目标物质在饮用水中的典型浓度。而方法检出限均能够满足饮用水中痕量目标污染物的测定要求。

表25-2 标准曲线和检出限

物质	线性范围/(μg/L)	相关系数r	定性下限/(μg/L)	定量下限/(μg/L)	饮用水中最大允许浓度
F^-	5～5000	0.9989	1.3	4.3	1①/4② mg/L
Cl^-	5～10000	0.9990	0.7	2.3	250①/250② mg/L
NO_2^-	10～5000	0.9997	3.0	10.0	1①/1② mg/L(以N计)
Br^-	5～5000	0.9999	1.5	5.0	
NO_3^-	5～10000	0.9997	0.8	2.7	10①/10② mg/L(以N计)
SO_4^{2-}	5～10000	0.9999	1.4	4.7	250①/250② mg/L
PO_4^{3-}	5～5000	0.9999	1.0	3.3	
ClO_3^-	5～5000	0.9999	1.0	3.3	700① μg/L
ClO_2^-	5～5000	0.9999	3.0	10.0	700①/1000② μg/L
BrO_3^-	10～5000	0.9999	2.3	7.7	10①/10② μg/L
DCAA	15～1500	0.9976	1.6	5.3	50①/60②/50③ μg/L
DBAA	10～100	0.9993	2.0	6.7	60② μg/L
BCAA	10～1000	0.9974	2.0	6.7	
TCAA	20～2000	0.9996	1.6	5.3	100①/60②/200③ μg/L
TBAA	50～5000	0.9987	10.3	34.3	

①中国生活饮用水卫生标准。②美国EPA饮用水标准。③WHO饮用水标准。

表25-3 回收率测定（$n=6$）

物质	空白样品加标		实际样品加标	
	平均回收率R/%	相对标准偏差S_r/%	平均回收率R/%	相对标准偏差S_r/%
F^-	112	0.2	112	1.1

续表

物质	空白样品加标		实际样品加标	
	平均回收率 R/%	相对标准偏差 S_r/%	平均回收率 R/%	相对标准偏差 S_r/%
Cl^-	99.6	0.4	99.2	3.9
NO_2^-	99.3	0.3	99.5	2.0
Br^-	99.6	1.3	99.6	1.3
NO_3^-	99.5	0.5	99.0	8.0
SO_4^{2-}	103	0.4	103	0.5
PO_4^{3-}	99.2	0.7	98.4	1.0
ClO_3^-	100	0.7	100	1.1
ClO_2^-	98.6	0.1	98.5	1.3
BrO_3^-	99.2	0.1	99.2	0.7
DCAA	96.6	1.0	104	5.0
DBAA	103	2.6	106	5.3
BCAA	106	1.0	91.2	6.9
TCAA	101	1.5	104	7.2
TBAA	107	0.6	97.6	6.9

使用标准加入法测定了空白水样和实际水样的加标回收率，结果见表25-3。由表25-3可以看出，15种目标污染物的空白样品平均加标回收率在96.6%～112%之间，相对标准偏差小于5%，而实际样品的平均加标回收率在91.2%～112%之间，相对标准偏差小于10%，符合实际样品分析要求。

第26章

N-亚硝胺的分析

N-亚硝胺（*N*-nitrosamines）是有潜在致癌性的一类化合物。近年来在水环境中这类化合物的高检出率引起了人们的广泛关注。前体化合物如亚硝酸盐和有机氮在水中进行亚硝化或氧化反应可以形成 *N*-亚硝胺。研究发现，90%的亚硝胺类物质（近 300 种）都有三致效应。

在 2005 年，美国环保局（US EPA）综合风险信息系统（IRIS）把 6 种具有遗传毒性的 *N*-亚硝胺，主要包括亚硝基二甲胺（NDMA），亚硝基乙胺（NMEA），亚硝基二乙胺（NDEA），亚硝基酰胺（NDBA），亚硝基二丙胺（NDPA）和亚硝基二苯胺（NDPhA）等列为饮用水中需要检测的非限定污染物，同时把它们归为对人体健康的危害属于 B2 级，即可疑致癌物，并作为 2008～2010 年的监测重点。近年来随着研究的深入开展，人们陆续在水体中发现了其他一些亚硝胺类消毒副产物。Yuanyuan Zhao 等对加拿大北部某饮用水厂的水中亚硝胺类消毒副产物进行监测时发现了亚硝基二甲胺、二硝基吡咯烷、亚硝基哌啶和二硝基二苯胺 4 种物质。亚硝胺类物质作为一种低浓度高致癌风险的消毒副产物引起了人们的广泛重视。

26.1 适用范围

本方法规定了高效液相色谱/质谱法测定水中 *N*-亚硝胺的条件和分析步骤，适用于饮用水和地表水中 *N*-亚硝胺的测定（见表 26-1）。

方法检测限受仪器灵敏度和样品基质影响，但应达到 ng/L 级。

表 26-1 目标物一览表

物质	母离子(*m*/*z*)	子离子(*m*/*z*)	锥孔电压/V	碰撞气能量/eV
氘代亚硝基二丙胺	145.00	97.00	20	10
亚硝基哌啶	114.80	69.00	30	10
亚硝基吡咯	100.80	55.00	30	10
亚硝基吗啉	117.00	87.00	30	10
亚硝基酰胺	158.90	103.00	20	12
亚硝基二苯胺	199.00	169.00	15	10
亚硝基二丙胺	130.90	88.90	20	10
亚硝基乙胺	88.80	61.00	25	10
亚硝基二乙胺	102.90	75.00	25	10
亚硝基二甲胺	74.90	43.00	30	10

26.2 方法原理

根据目标化合物在单极质谱中产生的母离子、在串联质谱中同时产生的母离子和碎片离子进行定性分析。将样品经前处理后，单极质谱采用选择离子方式进行定量分析，串联质谱采用多反应监测(MRM) 方式进行定量分析。

26.3 仪器

（1）高效液相色谱/质谱仪　配置单极质谱、串联质谱、时间飞行质谱等，本方法制定中使用色谱柱为 C18 反向色谱柱（2.1mm×50mm，1.7μm)，只要满足分析要求，可使用其他种类色谱柱。仪器系统尽可能无目标物空白，如有空白，空白必须稳定，且不影响分析。

（2）固相萃取装置　全自动或简易型柱式萃取仪。本方法开发时使用 HLB 固相萃取小柱（乙烯吡咯烷酮/二乙烯基苯聚合物，500mg，6mL）和 Sep-Pak AC2 固相萃取小柱（活性炭），只要满足分析要求，可使用其他型号。

（3）氮吹仪。

26.4 试剂

（1）甲醇（质谱级）。

（2）二氯甲烷（农残级）。

（3）乙腈（质谱级）。

（4）乙酸铵（优级纯）。

（5）标准品　目标物和内标均为有证标准。

（6）超纯水。

26.5 分析步骤

26.5.1 前处理

（1）富集净化

① 分别用 10mL 二氯甲烷、10mL 甲醇和 10mL 水活化固相萃取小柱；

② 上样 1000mL 水样，上样速度为 4.0mL/min；

③ 吹干 30min；

④ 4mL 二氯甲烷洗脱 3 次。

（2）浓缩　用氮吹仪吹至近干，5%的甲醇定容至 1mL，此溶液用于仪器测定。

26.5.2 仪器条件

以下描述为方法开发时使用的仪器条件，只要满足分析要求，各实验室可以根据需要适当调整。

超高效液相色谱/质谱法：Waters 超高效色谱柱（ACQUITY

UPLC HSS T3 1.8μm 2.1mm×50mm)；柱温 45℃；水相流动相为10mmol/L 乙酸铵溶液；有机流动相为甲醇；流速 0.3μL/min，进样体积 10μL；梯度洗脱条件见表 26-2。

表 26-2　色谱条件

时间/min	10mmol/L 乙酸铵	甲醇/%
0～0.5	98	2
2.0	50	50
2.5～3.5	5	95
4.0～5.0	98	2

质谱部分：电离模式：ESI^+；毛细管电压 3.5kV；萃取电压 1.0kV；RF 透镜：0.2；离子源温度 110℃；脱溶剂气温度 380℃；脱溶剂气流量 500L/h；锥孔气流量 50L/h；氩气流量 0.32mL/min。具体离子对见表 26-1。

26.5.3　定量分析

(1) 标准溶液　购自国内外有证标准生产厂家，－20℃保存。

(2) 标准系列溶液　用流动相配制 5 个标准系列溶液（临时配制）。

(3) 定量分析　本方法制定采用串联质谱仪、MRM 定量方式。MRM 方式是串联四极杆质谱常用的定量方式，其利用第一个四极杆选定目标分子离子（母离子），进而使该离子断裂产生二级碎片，利用第二个四极杆选定目标物的特征子离子，用特征子离子的响应进行定量分析。仅母离子相同，而特征子离子不同的物质不会干扰目标物测定，这也是单个四极杆质谱无法克服的局限。因此，MRM 方式在完成定量分析的同时，利用母离子和子离子进行定性分析。

在 0.05～500ng/mL 配制 5 个不同浓度的标准溶液，其中内标物质氘代亚硝基二丙胺浓度均为 100ng/mL，以目标物与内标物的浓度比为横坐标，不同浓度目标物的峰面积与内标物峰面积的比值为纵坐标，作线性回归，相关系数应大于 0.99。水样中化合物的浓度：

$$c=\frac{A_{x}c_{is}}{A_{is}RF}\times V_2\times D/V_1$$

式中 c——样品中目标物的浓度；

A_x——目标物峰面积；

A_{is}——内标物峰面积；

c_{is}——内标物浓度；

RF——校准因子；

V_2——定容体积；

V_1——取样量；

D——稀释倍数。

26.5.4 定性分析

定性分析方法有：a. 比较样品与标样保留时间，确定保留时间一致的目标物；b. 用选择离子方式确定待测物的质/荷是否与标样一致；c. 改变不同的锥孔电压使目标离子短裂产生碎片，比较样品和标准品的离子断裂碎片，进一步对目标物进行定性分析；d. 利用二级质谱研究选定的分子离子峰的二级碎片，与标准品对照。

如果使用单个四极杆质谱，上述第 d 步则无法进行；如果使用离子阱质谱，则可进行二级以上的子离子研究。

26.5.5 性能指标

回收率等方法性能指标见表 26-3。标样总离子流图见图 26-1。

表 26-3 方法性能指标

物质	精密度(n=5)/%		线性	相关系数
	10μg/L	500μg/L		r
Npip	4.0	3.5	Y=0.0598X−0.5322	0.9991
Npyr	5.0	3.5	Y=0.0904X+0.2112	0.9996
Nmor	5.2	4.1	Y=0.0321X+0.0617	0.9996
NDBA	8.3	4.4	Y=0.2229X+0.9409	0.9994

续表

物质	精密度(n=5)/%		线性	相关系数 r
	10μg/L	500μg/L		
NDPhA	4.0	4.9	Y=0.0179X+0.1347	0.9997
NDPA	3.3	7.1	Y=0.0179X+0.1347	0.9997
NMEA	4.3	3.8	Y=0.0039X−0.0232	0.9996
NDEA	6.8	4.1	Y=0.002X−0.0143	0.9983
NDMA	9.5	8.1	Y=0.0009X−0.0198	0.9985

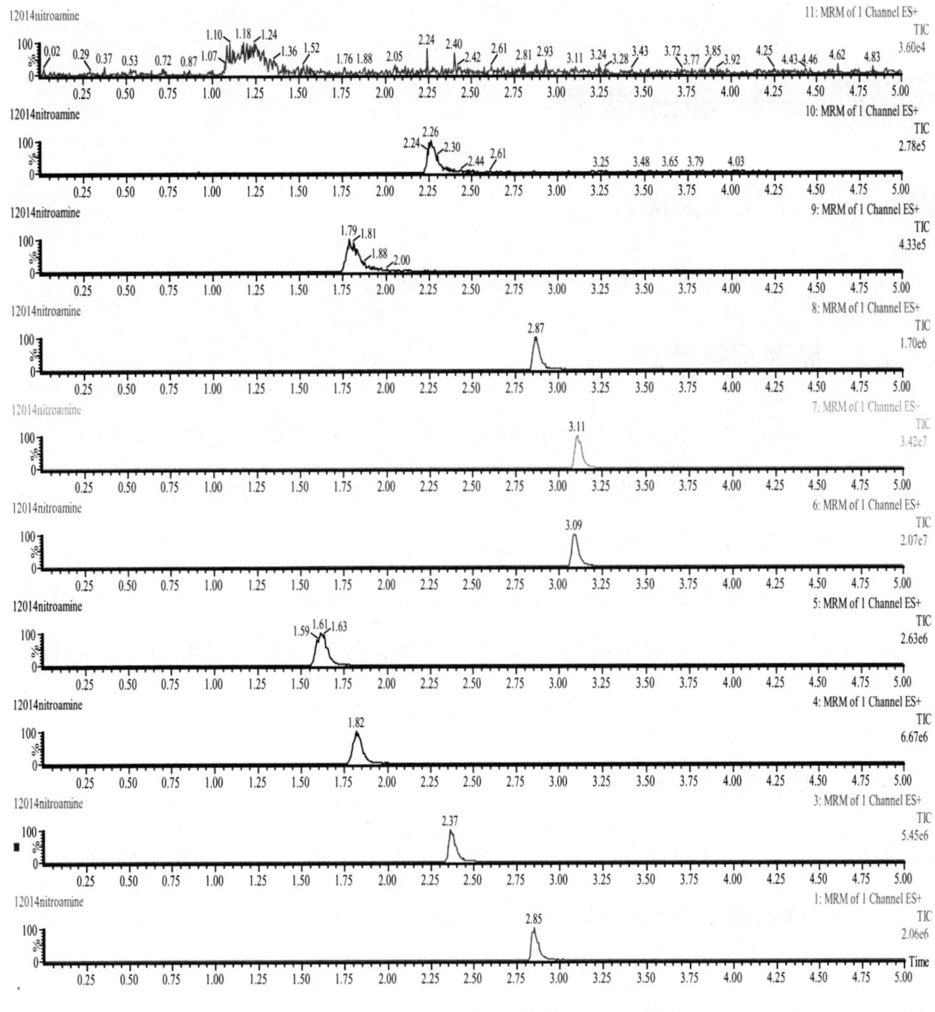

图 26-1 10 种 N-亚硝胺标样总离子流图

第27章 质量控制和质量保证

27.1 采样前的准备

27.1.1 确定采样负责人

主要负责制定采样计划并组织实施。

27.1.2 制定采样计划

采样负责人在制订计划前要充分了解该项监测任务的目的和要求；应对要采样的监测断面周围情况了解清楚；并熟悉采样方法、水样容器的洗涤、样品保存技术。

采样计划应包括：确定的采样垂线和采样点位、测定项目和数量、采样质量保证措施，采样时间和路线、采样人员和分工、采样器材和交通工具及安全保证等。

27.1.3 采样器材准备

采样器材主要是采样器和水样容器。有机物一般用铁桶采样，无机物则用有机玻璃采样器，采样器的材质和结构应符合《水质采样器技术要求》中的规定，水样容器的清洗及具体保存方法见第2章。

27.2 采样

在地表水监测中通常采集瞬时水样。所需水样量见表 27-1。在水样采入或装入容器中后，应立即采取相应的保存措施。

表 27-1　各指标所需水样量

样品	样品量/L
VOCs 水样	装满专用 VOCs 瓶
微囊藻毒素	1.0
有机氯农药	1.0
有机磷	1.0
百菌清	1.0
松节油	0.5
草甘膦	0.1
甲基汞	5.0
丙烯腈、乙腈、丙烯酰胺	0.5
半挥发性有机物	1.0
氨基甲酸酯农药	1.0
阿特拉津	1.0
苦味酸	0.5
多氯联苯	1.0

采样人员应持证上岗，应保证采样点位置准确，尽可能用 GPS 定位。用船只采样时，应逆流采样，在船头采样，采样时不可搅动水底的沉积物。有机毒物采样瓶一般不用水样荡洗。认真填写水质采样记录表，字迹端正、清晰，项目完整，及时贴好标签，保证采样按时、准确、安全。采样结束前，应核对采样计划、记录与水样，如有错误或遗漏，立即补采或重采。如采样现场水体很不均匀，无法采到

代表性水样，则应详细记录不均匀情况和实际采样情况，供使用数据者参考。如果水样含沉降性固体（如泥沙等），则应分离除去，分离方法为：将采样后水样摇匀后静置30min，将不含沉降性固体但含有悬浮性固体的水样移入样品瓶。

每批水样应加采全程序空白，具体做法如下：从实验室带一定量的超纯水到现场，倒入采样器，再倒入相应采样瓶中，如分析项目中含有挥发性有机物，则需首先采集挥发性有机物全程序空白。

每批水样应加采10%以上的采样平行。

表27-1列出的只是大概需水量，如同时做多项指标时，某些可以合在一起前处理，水量则减少。

27.3 分析

27.3.1 实验室环境

应保持实验室整洁、安全的操作环境，通风良好，布局合理，安全操作的基本条件。做到相互干扰的监测项目不在同一个实验室内操作。对可产生刺激性、腐蚀性、有毒气体的实验操作应在通风柜内进行。

27.3.2 实验耗材

一般分析实验用水电导率应小于3.0μS/cm，有机分析一般都用超纯水。根据实验需要，选用合适材质的器皿，使用后及时清洗、晾干、防止灰尘污染。化学试剂应满足分析要求，取用时要满足“量用为出，只出不进”的原则，取用后及时密塞，分类保存。不得使用过期试剂和标样。

27.3.3　仪器设备

为保证监测数据的准确可靠，达到全国范围的统一可比性，必须执行计量法，对所有计量分析仪器进行计量检定，经检定合格，方可使用。应按计量法规定，定期送法定计量检定机构进行检定，合格方可使用。非强检的计量器具，可自行依法检定。

27.3.4　监测人员素质要求

具备扎实的环境监测基础理论和专业知识，正确熟练掌握环境监测中操作技术和质量控制程序，熟悉有关环境监测管理的法规、标准和规定，学习和了解国内外环境监测新技术和新方法。凡承担监测工作，报告监测数据者，必须参加合格证考核，考核合格，取得合格证，才能出监测数据。

27.3.5　分析实验室内标质量控制

27.3.5.1　校准曲线或标准检查点应符合相关规定

（1）应该在每次分析样品的同时同步制作校准曲线。工作确有困难时，对校准曲线斜率较稳定的方法，至少应在分析样品的同时，测定两个适当的浓度及空白各两份，分别取平均值，减去空白后，与原校准曲线的相同浓度点比较，相对偏差须小于5%，原曲线可以用，否则应重新制作校准曲线。

（2）校准曲线回归方程的相关系数、截距和斜率应符合方法中规定的要求。

（3）校准曲线只能在其线性范围内使用，在使用中不得在高浓度端任意外推，也不能向低浓度区随意顺延，当要求获得样品中确切浓度时，应将被测物浓缩或稀释至曲线的中间浓度进行测定。

（4）校准曲线不得长期使用。

（5）气相色谱、原子吸收、等离子发射光谱法、离子色谱、原子荧光仪、液相色谱仪、色质联用等大型仪器，在测试批量样品时，每20个样品或8h增加一个中间浓度标准点的测试，所得峰面积（峰高）与初始校正点的相对偏差应小于50%，与上次校正点的相对偏差应小于30%。

27.3.5.2　每个项目都应做现场空白和实验室空白

两种结果应无明显差别，如现场空白显著高于实验室空白，表明采样过程有污染，在查明原因后方可作出本次采样是否有效以及分析数据能否接受的决定。

27.3.5.3　精密度控制

每批样品随机抽取10%实验室平行，污染纠纷仲裁和司法鉴定样品随机抽取不少于20%的实验室平行样。相对偏差应低于50%，特殊物质除外。

进样平行的概率应大于10%，相对偏差小于15%。

每批样品做一个采样平行。相对偏差应低于50%，特殊物质除外。

27.3.5.4　准确度控制

（1）水质监测中尽量采用有证标准物质作为准确度控制手段，每批样品带指控样1～2个，测定结果的准确度合格率必须达100%。如果实验室自行配制质控样，须与国家标准物质比对，而且不得使用制作校准曲线的标准溶液，应另行配制。

（2）当质控样超出允许误差时，应重新分析超差的质控样并随机抽取一定比例样品进行复查，如复查的质控样品合格且结果与原结果不超过平行双样的允许偏差，则原分析结果有效，并取样品测试结果

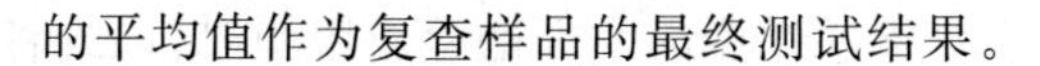

的平均值作为复查样品的最终测试结果。

(3) 如复查的质控样结果仍不合格，表明本批分析结果准确度失控。不论复查结果的精密度如何，原结果与复查结果均不可接受。应找出失控原因并加以排除后才能分析样品，报出数据。

(4) 加标回收实验　每批随机抽取一定比例的样品做加标回收。加标量以相当于待测组分浓度的 0.5～2.5 倍为宜，加标总浓度不应大于方法上限 0.9 倍。如待测组分浓度小于最低检出浓度时，按最低检出浓度的 3～5 倍加标。

27.3.5.5　检测限

(1) 空白试验中检测出目标物质　按照样品分析的全部步骤，重复 n 次空白试验（$n \geqslant 7$），将各测定结果换算为样品中的浓度或含量，计算 n 次平行测定的标准偏差，按下式计算方法检出限。

$$\mathrm{MDL}=t_{(n-1,0.99)} \times S$$

式中　MDL——方法检出限；

n——样品的平行测定次数；

t——自由度为 $n-1$，置信度为 99%时的 t 分布；

S——n 次平行测定的标准偏差。

如果空白试验的测定值过高，或变动较大时，无法计算最低检出限。因此，本方法计算的最低检出限是以下述条件为前提的：反复进行空白试验，尽量减小各测定值之间的差异，可允许的差异范围为“空白试验测定值±目标最低检出限的 1/2”以内。

(2) 空白试验中未检测出目标物质　按照样品分析的全部步骤，对浓度值或含量为估计方法检出限值 2～5 倍的样品进行 n 次平行测定（$n \geqslant 7$）。计算 n 次平行测定的标准偏差，按前式计算方法检出限。

MDL 值计算出来后，需判断其合理性。对于针对单一组分的分析方法，如果样品浓度超过计算出的方法检出限10倍，或者样品浓度低于计算出的方法检出限，则都需要调整样品浓度重新进行测定。在进行重新测定后，将前一批测定的方差（即S^2）与本批测定的方差相比较，较大者记为S_A^2，较小者记为S_B^2。若$S_A^2/S_B^2>3.05$，则将本批测定的方差标记为前一批测定的方差，再次调整样品浓度重新测定。若$S_A^2/S_B^2<3.05$，则按下列公式计算方法检出限：

$$S_{pooled}=\sqrt{\frac{v_A S_A^2+v_B S_B^2}{v_A+v_B}}$$

$$MDL=t_{(v_A+v_B,0.99)}\times S_{pooled}$$

式中 v_A——方差较大批次的自由度，n_A-1；

v_B——方差较小批次的自由度，n_B-1；

S_{pooled}——合成标准偏差；

t——自由度为v_B+v_A，置信度为99%时的t分布。

对于针对多组分的分析方法，一般要求至少有50%的被分析物样品浓度在3～5倍计算出的方法检出限的范围内，同时，至少90%的被分析物样品浓度在1～10倍计算出的方法检出限的范围内，其余不多于10%的被分析物样品浓度不应超过20倍计算出的方法检出限。若满足上述条件，说明用于测定MDL的初次样品浓度比较合适。对于初次加标样品测定平均值与MDL比值不在3～5之间的化合物，要增加或减少浓度，重新进行平行分析，直至比值在3～5之间。选择比值在3～5之间的MDL作为该化合物的MDL。

27.4 数据报告

所有原始数据，包括质控结果和样品结果都需要经过三级审核后

报出。报告要提供以下内容：

① 每次样品分析时工作曲线；

② 各种空白数据；

③ 样品数据报表；

④ 实验室检出限；

⑤ 所有原始记录。

参 考 文 献

[1] 中国环境监测总站．全国重点城市饮用水源地监测调查作业指导书，2005.

[2] 水质样品的保存和管理技术规定．HJ 493—2009.

[3] 地表水和污水监测技术规范．HJ/T 91—2002.

[4] 浙江省环境监测中心．浙江省环境监测质量保证技术规定．第二版，2010.

[5] 国家环保总局．水和废水监测分析方法．第四版增补版，2002.

[6] 生活饮用水标准检验方法．GB 5750—2006.

[7] 地表水环境质量监测实用分析方法．北京：中国环境科学出版社，2009.

[8] 地表水环境质量 80 个特定项目监测分析方法．北京：中国环境科学出版社，2009.

[9] EPA method 8260B-1996.

[10] EPA method 8270d-1996.

[11] EPA method 554-1992.

[12] EPA method 505-1995.

[13] Jing Wang，Xiaolu Pang，Fei Ge，Zhanyu Ma. An UPLC/MS/MS method for determination microcystin pollution in surface water of Zhejiang，China. Toxicon，2007，49：1120-1128.

[14] 王静，庞晓露，刘铮铮，侯镜德．超高效液相色谱/串联质谱法分析水中的微囊藻毒素．色谱，2006，24（4）：335-338.

[15] Jing Wang，Hefang Pan，Zhengzheng Liu. Ultra-high-pressure liquid chromatography－tandem mass spectrometry method for the determination of alkylphenols in soil. Journal of Chromatography A，2009，1216（12）：2499-2503.

[16] 王静，潘荷芳，刘铮铮，孙晓慧．地表水中氨基甲酸酯农药及代谢物的快速、灵敏分析方法研究．中国环境监测，2009，25（4）：11-15.

[17] 王静，潘荷芳，文莹，刘劲松．地表水中烷基酚类化合物的超高效液相色谱/串联质谱分析方法．中国环境监测，2008，24（5）：8-11.

[18] 刘铮铮，李立，王静，潘荷芳．高效液相色谱-柱前衍生法测定水中有机磷除草剂．中国环境监测，2009，25（5）：35-38.

[19] 国家地表水水质自动监测系统介绍．http：//www. cnemc. cn/publish/totalWebSite/news/news _ 5027. htmL.

[20] 中国环境状况公报．http：//jcs. mep. gov. cn/hjzl/zkgb/.

[21] 郑丙辉，付青，刘琰．中国城市饮用水源地环境问题与对策．环境保护，2007，381（10）：59-61.

[22] 陈新，伦小文，侯晓虹．水环境中药物污染分析的研究进展．沈阳药科大学学报，2010，27（2）：157-162.

[23] 邹艳敏，吴向阳，仰榴青．水环境中药品和个人护理用品污染现状及研究进展．环境监测管理与技术，2010，22（6）：14-19.

[24] 宋宁慧，卜元卿，单正军．农药对地表水污染状况研究概述．生态与农村环境学报，2010，26（增刊）：49-57.

[25] 梁超，邓慧萍．水中内分泌干扰物质的研究现状及趋势．城市给排水，2005，19（3）：17-20.

[26] 郎朗，张光明．饮用水水源及水厂内分泌干扰物污染分析．环境工程，2008，26（增刊）：60-62.

[27] 岳舜琳．我国给水内分泌干扰物问题．净水技术，2006，25（3）：6-8.

[28] 王亚韡，蔡亚岐，江桂斌．斯德哥尔摩公约新增持久性有机污染物的一些研究进展．中国科学，2010，40（2）：99-123.

[29] 彭涛，王超，吕怡兵，朱红霞，滕恩江．超高效液相色谱法快速检测地表水中丁基黄原酸．中国环境监测，2013，29（2）：65-68.

[30] 刘景泰，李振国．超高效液相色谱-质谱法测定地表水中丁基黄原酸．中国环境监测，2012，28（5）：76-78.

[31] 邢核，王玲玲，石杰．应急监测分析方法存在的问题及建议．环境科学与管理，2007，32（3）：162-164.

[32] 李国刚．环境化学污染事故应急监测技术与设备．北京：化学工业出版社，2005.